电子技术实验与实践指导

主　编　张艳敏　王建强

副主编　郑荣杰　刘昕彤

参　编　回文静　刘　雅　罗海兵

主　审　马文华

机 械 工 业 出 版 社

本书从工程应用的角度编写，力求让学生掌握全面的电子技术知识，为将来的学习与工作奠定扎实的基础。

本书共分为4章：第1章通过实验项目的方式详细介绍了各种电子测量仪器和仿真软件；第2章和第3章分别精选了10个常用的模拟电路和数字电路实验，每章最后一个实验均为综合性实验，能够作为学生综合练习以及学校开放性实验室的实验题目；第4章为7个电子实训项目，实训内容简单易懂、容易上手，能让学生掌握基本的电子焊接和设计相关知识。

本书可作为应用型本科院校电类专业及相关专业的实验与实训教材，也可作为高职高专院校的实验教材。

图书在版编目（CIP）数据

电子技术实验与实践指导/张艳敏，王建强主编 .—北京：机械工业出版社，2020.8（2023.1重印）

ISBN 978-7-111-65942-6

Ⅰ.①电… Ⅱ.①张… ②王… Ⅲ.①电子技术—实验—高等学校—教学参考资料 Ⅳ.①TN-33

中国版本图书馆CIP数据核字（2020）第118300号

机械工业出版社（北京市百万庄大街22号 邮政编码100037）
策划编辑：王 博 责任编辑：王 博 王振国
责任校对：陈 越 封面设计：马精明
责任印制：单爱军
北京虎彩文化传播有限公司印刷
2023年1月第1版第4次印刷
184mm×260mm · 9.5印张 · 243千字
标准书号：ISBN 978-7-111-65942-6
定价：35.00元

电话服务	网络服务
客服电话：010-88361066	机 工 官 网：www.cmpbook.com
010-88379833	机 工 官 博：weibo.com/cmp1952
010-68326294	金 书 网：www.golden-book.com
封底无防伪标均为盗版	机工教育服务网：www.cmpedu.com

前言

随着国家应用型人才培养战略的提出，工科大学生的学习不应仅是掌握理论知识和操作技能，而应该是在掌握理论知识和操作技能的基础上，具备一定的工程开发、设计能力。因此，本书在介绍基本教学任务的基础上，将工程设计的思路贯穿始终。

本书的编写目的是使学生通过学习能够掌握基本的电子设计开发能力，而不是简单的课堂课程的理论验证。因此，本书在传统电子技术实验课程的基础上，加入了各种实用电子制作工具的使用介绍，并且精心选择了10个模拟电路实验和10个数字电路实验，每个实验均是计算机仿真和实验箱实验并重，在模拟电路实验和数字电路实验最后各加入了一个综合性设计实验。第4章编写了7个电子实训项目，这些实训项目都是经过编者实践验证，实实在在能够做出来的，旨在通过实训教学，培养学生基础的电子工程设计开发能力。书中所有的实验、实训项目均采用 Multisim 12 仿真软件进行仿真，集理论验证、实践操作和实战开发于一体。

本书由河北水利电力学院张艳敏、王建强任主编，郑荣杰、刘昕彤任副主编，回文静、刘雅、罗海兵参加编定。其中，第1章和第2章由王建强编写，第3章和第4章由张艳敏编写，附录一、附录二由刘昕彤编写，附录三、附录四由郑荣杰编写。全书由马文华主审。在本书编写过程中，参考了其他院校的教材及相关单位的实验指导书，在这里一并表示感谢！

本书得到了河北省高等教育教学改革研究与实践项目的资金支持，项目名称为“CDIO 工程教育模式在应用型本科专业建设中的实践与探索”，项目编号为2018GJJG385。本书还得到了河北水利电力学院自动化与通信工程学院领导和河北省高校水利自动化与信息化应用技术研发中心的鼎力支持，在此一并感谢！

由于编者水平有限，书中难免有不妥之处，敬请读者批评指正！

编　者

目 录

1

第1章 安全用电及工具使用

1.1 实验室安全用电基本知识

1）用电安全的基本要素有：电气绝缘良好，保证安全距离，线路、插座功率与设备功率相匹配，使用正规电气设备。

2）实验室内电气设备及线路设施必须严格按照安全用电规程和设备的要求设置，不许乱接、乱拉电线，墙上电源未经允许不得拆装、改线。

3）在实验室同时使用多种电气设备时，其总用电量和分线用电量均应小于设计功率。连接在接线板上的用电总负荷不能超过接线板的最大功率。

4）实验室内应使用断路器并配备必要的漏电保护装置；电气设备和大型仪器必须接地良好，对电线老化等隐患要定期检查并及时排除。

5）电气设备长时间不使用时要切断电源。

6）接线板不能直接放在地面，不能多个接线板串联使用。

7）电源插座需加以固定，不使用已损坏的电源插座，大功率用电器应敷设专线。

8）实验室用电的注意事项：

① 实验前要先检查用电设备，再接通电源；实验结束后，应先关闭仪器设备，再关闭电源。

② 工作人员离开实验室或遇突然断电时，应关闭电源，尤其要关闭加热电器的电源开关。

③ 不得将供电线任意放在通道上，以免因绝缘破损而造成短路事故。

9）在电气类开放性实验或科研实验室，两人以上方可开展实验。

10）电气设备在未验明无电时，一律认为有电，不要盲目触及。

11）切勿带电插、拔、接电气线路。

12）在进行电路板焊接后的引脚剪切工序时，剪切面应背离身体，特别是脸部，防止被剪下的引脚弹伤。

13）高压电容器实验结束后或闲置时，应串接合适的电阻进行放电。

14）在需要带电操作的低电压电路实验时，单手操作比双手操作更安全。

15）使用电容器时，一定要注意电容器的极性和耐压，当电容器电压高于耐压时，会引起电容器爆裂而伤人。

16）使用电烙铁应注意的事项：

① 不能乱用焊锡。

② 电烙铁及时放回烙铁架，用完及时切断电源。

③ 周围不得放置易燃物品。

17）电炉、烘箱等用电设备在使用中，使用人员不得离开。

18）实验室禁止使用电热水壶、热得快。

19）计算机、空调和饮水机不得在无人情况下开机过夜。

20）实验室的电源总闸每天离开时都要关闭。

21）电源、开关和变压器等电气设备附件周围不得堆放易燃、易爆、潮湿和其他影响操作的物体。

22）为了防止发生电击（触电），电气设备的金属外壳必须接地。

23）预防电气火灾的基本措施

① 禁止非电工改接电气线路，禁止乱拉临时用电线路。

② 进行电气类实验时应两人及以上在场。

③ 工作现场要清除所有易燃易爆材料。

1.2 练习使用万用表

1. 实验目的

1）学习电子电路实验中常用的测量仪器——万用表，掌握其主要技术指标、性能及正确使用方法。

2）能熟练应用万用表检测电子元器件及对电路进行测量。

2. 实验设备与元器件

1）万用表。

2）电子元器件若干。

3）数电模电实验箱。

3. 万用表测量方法

万用表是常用的电子测量工具，可以用来测量电压、电流、电阻、电容、二极管和晶体管的好坏等。UT58A 型万用表示意图如图 1-1 所示。

从图 1-1 可以看出，万用表的功能量程有很多档位，分别为直流电压档、交流电压档、直流电流档、交流电流档、电阻档和电容档等。可以看出，测量不同的物理量时要将万用表档位选择旋钮置于相应的档位。其中电压和电流标注“~”的为交流，标注“⎓”的为直流。下面介绍具体的使用方法。

（1）万用表的调校　拿出万用表后首先应按下电源开关，也就是图 1-1 中的 POWER 按钮，按下后可看到屏幕上显现出数字，说明数字式万用表已打开。将红黑表笔分别插入“VΩ”插孔和“COM”插孔，档位选择旋钮置于如图 1-1 所示位置，将红、黑表笔轻轻接触，若听到“滴滴”声，则说明万用表接通，输入正常。

注意：每次使用万用表前均应重复此操作，以排除表笔接触不良的可能。

（2）万用表测电压　电压分为直流电压和交流电压，在万用表档位上，交流电压用“V ~”表示，直流电压用“V ⎓”表示。这里以直流电压的测量为例介绍，交流电压只需将量程旋钮置于交流档即可。

首先预估测量电压值，将量程置于比所测量电压稍大的档位即可。比如测量 3V 电压，就将量程旋钮置于 20V 档就可以了。红、黑表笔分别插到 VΩ 和 COM 端，将红、黑表笔分别置

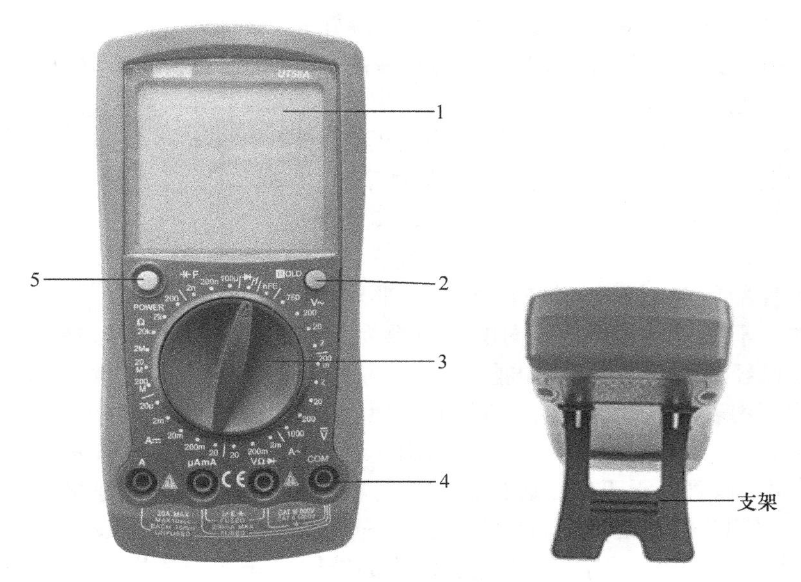

图 1-1　UT58A 型万用表示意图

1—LCD 显示窗　2—数据保持（HOLD）按键开关　3—功能量程选择旋钮

4—四个输入端口　5—电源（POWER）按键开关

于要测量电压的电路或元器件两端，这样就能够在万用表屏幕上读到测量电压数据了。

需要注意的是，如果红表笔（正极）、黑表笔（负极）接反，则电压显示为负。

（3）万用表测电流

1）直流电流的测量。将黑表笔插入万用表的"COM"插孔，若测量大于200mA的电流，则要将红表笔插入"A"插孔，将旋钮置于直流"20A"档；若测量小于200mA的电流，则将红表笔插入"μAmA"插孔，将旋钮置于直流200mA以内的合适量程。

将档位旋钮调到直流档（A ═══）的合适位置，调整完毕后，开始测量。将万用表"串"进电路中，保持稳定，从显示屏上读取测量数据，若显示为"1."，则表明量程太小，那么就要加大量程后再测量；如果在数值左边出现"."，则表明电流从黑表笔流进万用表。

2）交流电流的测量。测量方法与直流电流的测量方法基本相同，不过档位应该置于交流档位（A～），电流测量完毕后应将红表笔插回"VΩ"插孔。

4. 用万用表对常用电子元器件进行检测

用万用表可以对二极管、晶体管、电阻和电容等进行粗测。万用表电阻档等效电路如图1-2所示，其中的R_0为等效电阻，E_0为表内电池。当万用表处于$R\times1$、$R\times100$、$R\times1k$档时，一般$E_0=1.5V$，而处于$R\times10k$档时，$E_0=9(15)V$。测试电阻时要记住，红表笔接在表内电池负端（表笔插孔标"+"号），而黑表笔接在正端（表笔插孔标"−"号）。

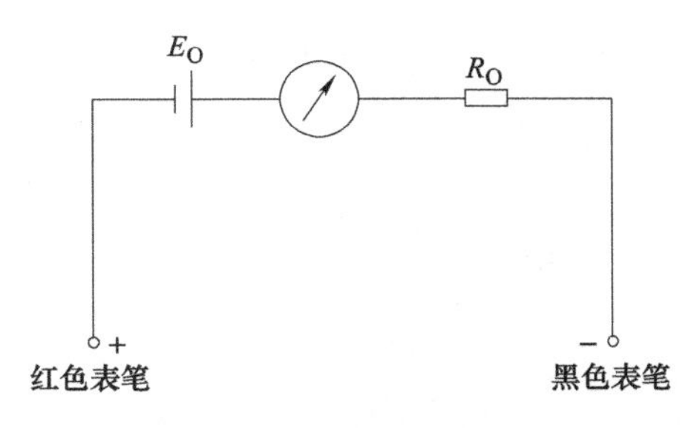

图 1-2　万用表电阻档等效电路

（1）二极管管脚极性、质量的判别　二极管由一个PN结组成，具有单向导电性，其正向电阻小（一般为几百欧）而反向电阻大（一般为几十千欧至几百千欧），利用这个特性可对二极管进行判别。

1）管脚极性判别。将指针式万用表的档位旋钮拨到 $R\times100$（或 $R\times1k$）的电阻档，把二极管的两只管脚分别接到万用表的两支表笔上，如图 1-3 所示。如果测出的电阻较小（几百欧），则与万用表黑表笔相接的一端是正极，另一端就是负极。相反，如果测出的电阻较大（几百千欧），那么与万用表黑表笔相连接的一端是负极，另一端就是正极。

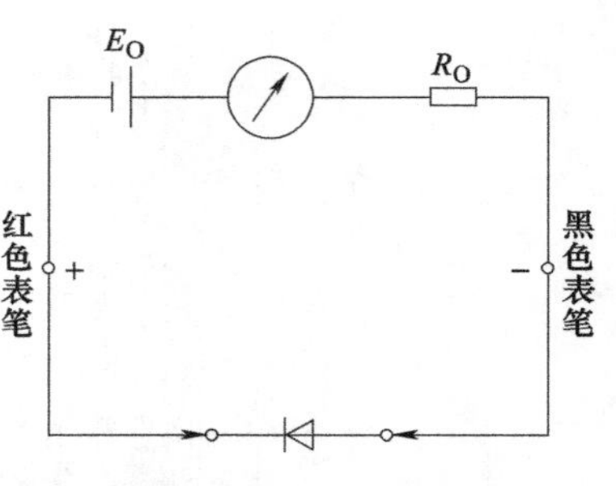

图 1-3 判断二极管极性

2）判别二极管质量的好坏。一个二极管的正、反向电阻差别越大，其性能就越好。如果双向电阻值都较小，说明二极管质量差，不能使用；如果双向电阻值都为无穷大，则说明该二极管已经断路。如果双向电阻值均为零，说明二极管已被击穿。

利用数字式万用表的二极管档也可判别正、负极，此时红表笔（插在“VΩ”插孔）带正电，黑表笔（插在“COM”插孔）带负电。用两支表笔分别接触二极管两个电极，若显示值在 1V 以下，说明二极管处于正向导通状态，红表笔接的是正极，黑表笔接的是负极。若显示溢出符号“1”，表明二极管处于反向截止状态，黑表笔接的是正极，红表笔接的是负极。

（2）晶体管管脚、质量判别 可以把晶体管的结构看作两个背靠背的 PN 结，对 NPN 型来说基极是两个 PN 结的公共阳极，对 PNP 型管来说基极是两个 PN 结的公共阴极，如图 1-4 所示。

1）管型与基极的判别。将万用表置于电阻档，量程选 $R\times1k$ 档（或 $R\times100$），将万用表任一表笔先接触某一个电极——假定的公共极，另一表笔分别接触其他两个电极。若两次测得的电阻值均很小（或均很大），则前者所接电极就是基极；若两次测得的阻值一大一小，相差很多，则前者假定的基极有错，应更换其他电极重测。

根据上述方法，可以找出公共极，该公共极就是基极 B，若公共极是阳极，该管为 NPN 型管，反之则是 PNP 型管。

2）发射极与集电极的判别。为使晶体管具有电流放大作用，发射结需加正向偏置电压，集电结加反向偏置电压，如图 1-5 所示。

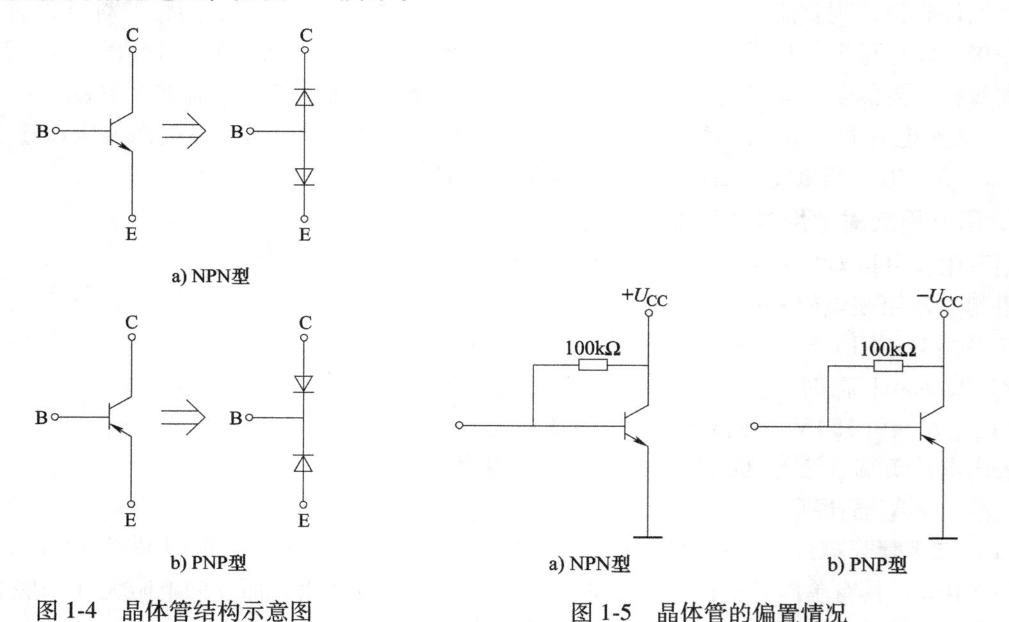

图 1-4 晶体管结构示意图

图 1-5 晶体管的偏置情况

当晶体管基极B确定后，便可判别集电极C和发射极E，同时还可以大致了解穿透电流I_{CEO}和电流放大系数β的大小。

以PNP型管为例，若用指针式万用表的红表笔（对应表内电池的负极）接集电极C，黑表笔接发射极E，（相当于C、E极间电源正确接法），如图1-6所示。这时万用表指针摆动很小，它所指示的电阻值反映管子穿透电流I_{CEO}的大小（电阻值大，表示I_{CEO}小）。如果在C、B间跨接一只$R_B=100k\Omega$电阻，此时万用表指针将有较大摆动。

它指示的电阻值较小，反映了集电极电流$I_C=I_{CEO}+\beta I_B$的大小，且电阻值减小越多表示β越大。如果C、E极接反（相当于C-E间电源极性反接），则晶体管处于倒置工作状态，此时电流放大系数很小（一般小于1），于是万用表指针摆动很小。因此，比较C-E极两种不同的电源极性接法，便可判断C极和E极了。同时还可大致了解穿透电流I_{CEO}和电流放大系数β的大小，如万用表上有h_{FE}插孔，可利用其来测量电流放大系数β。

（3）检查整流桥堆的质量　整流桥堆是把四只硅整流二极管接成桥式电路，再用环氧树脂（或绝缘塑料）封装而成的半导体器件。如图1-7所示，桥堆有交流输入端（A、B）和直流输出端（C、D）。采用判定二极管的方法可以检查桥堆的质量。从图1-7中可看出，交流输入端A-B之间总会有一只二极管处于截止状态，使A-B间总电阻趋向于无穷大。直流输出端D-C间的正向电压降则等于两只硅二极管的电压降之和。因此，用数字式万用表的二极管档测A-B的正、反向电压时均显示溢出，而测D-C时显示大约1V，即可证明桥堆内部无短路现象。如果有一只二极管已经击穿短路，那么测A-B的正、反向电压时，必定有一次显示0.5V左右。

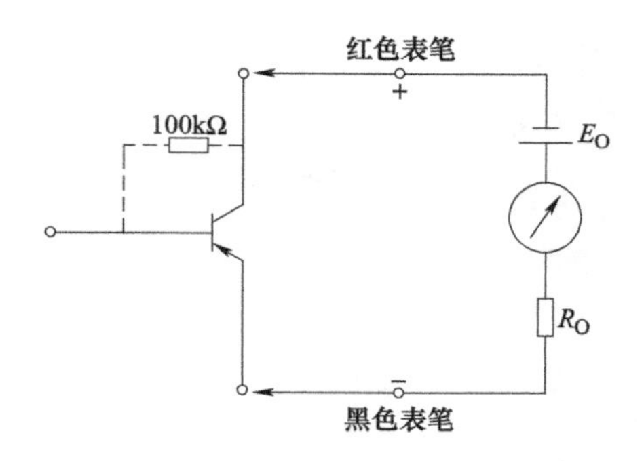

图1-6　晶体管集电极C、发射极E的判别

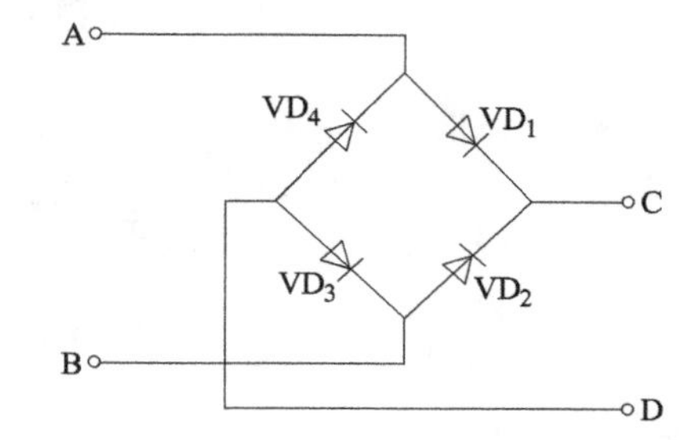

图1-7　整流桥堆管脚及质量判别

（4）电容的测量　电容的测量一般应借助于专门的测试仪器，通常用电桥，而用万用表仅能粗略地检查一下电解电容是否失效或漏电。测量电路如图1-8所示。

测量前应先将电解电容的两个引出线短接一下，使其上所充的电荷释放。然后，将万用表置于$R\times1k$档，并将电解电容的正、负极分别与万用表的黑表笔、红表笔接触。在正常情况下，可以看到表头指针先是产生较大偏转（向0Ω处），以后逐渐向起始零位（高阻值处）返回。这反映了电容器的充电过程，指针的偏转反映电容器充电电流的变化情况。

一般说来，表头指针偏转越大，返回速度越慢，则说明电容器的容量越大。若指针返回到接近零位（高阻值），说明电容器漏电阻很大，指针所指示电阻值即为该电容器的漏电阻。对于合格的电解电容器而言，该阻值通常在500kΩ以上。电解电容器在失效时（电解液干涸，容量大幅度下降）表头指针就偏转很小，甚至不偏转。已被击穿的电容器，其阻值接近于零。

对于容量较小的电容器（云母、瓷质电容等），原则上也可以用上述方法进行检查，但由于电容量较小，表头指针偏转也很小，返回速度又很快，实际上难以对它们的电容和性能进行鉴别，仅能检查它们是否短路或断路。这时应选用 $R\times10\text{k}$ 档测量。

5. 实验内容

1）使用万用表测量实验箱上的电阻、电容、可调电压。

2）测量电子元器件，将测量结果同元器件的标称值做对比。

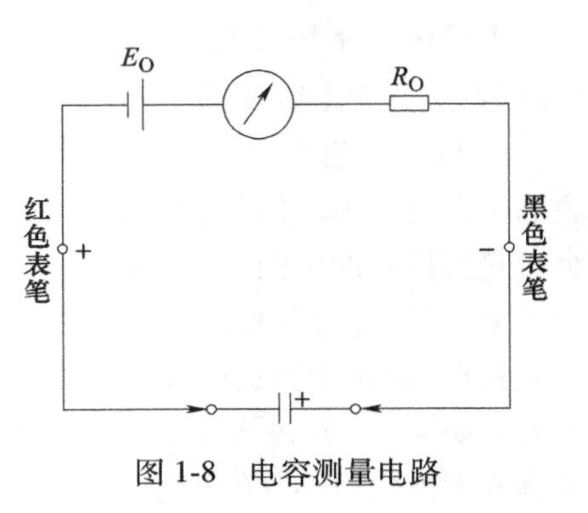

图 1-8　电容测量电路

1.3　RIGOL DS1102E 型示波器简介

1. DS1102E 型示波器前面板和用户界面

这里对于 DS1102E 型示波器的前面板的操作及功能做简单的描述和介绍，使大家能在最短的时间熟悉 DS1102E 型示波器的使用。DS1102E 型示波器向用户提供简单而功能明晰的前面板，以进行基本的操作。面板上包括旋钮和功能按键。旋钮的功能与其他示波器类似。显示屏右侧的一列 5 个灰色按键为菜单操作键（自上而下定义为 1~5 号）。通过它们，用户可以设置当前菜单的不同选项；其他按键为功能键，通过它们，用户可以进入不同的功能菜单或直接获得特定的功能应用。DS1102E 前面板如图 1-9 所示。

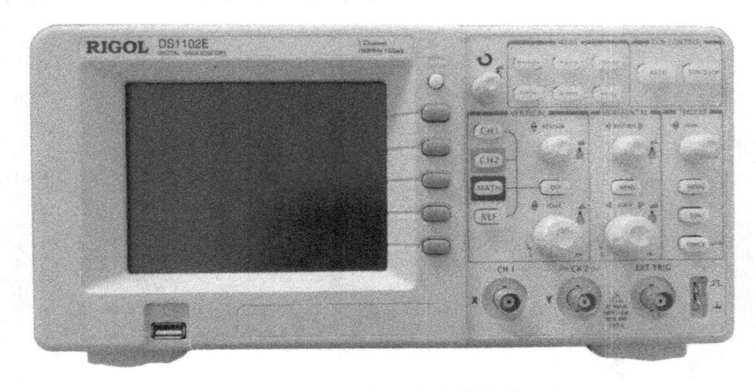

图 1-9　DS1102E 型示波器的前面板

2. 一般性检查

刚开始接触示波器时，建议按以下步骤对仪器进行检查。

1）检查是否存在因运输造成的损坏。如果发现包装纸箱或泡沫塑料保护垫严重破损，请予以保留，直到整机和附件通过电气和力学性能测试。

2）检查附件。可参照随机的附件说明书，如果发现附件缺少或损坏，联系经销商予以更换。

3）检查整机。

3. 功能检查

请按如下步骤进行。

（1）接通仪器电源　可通过一条带接地的电源线供电，电源线的供电电压为交流 100~240V，频率为 45~440Hz。接通电源后，仪器执行所有自检项目，并确认通过自检，按

STORAGE 按钮，用菜单操作键从顶部菜单框中选择“存储类型 ”，然后调出“出厂设置”菜单框。

（2）示波器接入信号 DS1102E 型示波器为双通道输入加一个外触发输入通道的数字示波器。可按照如下步骤接入信号：

1）用示波器探头将信号接入通道1（CH1）：将探头上的开关设定为10×（图1-10），并将示波器探头与 CH1 连接。将探头连接器上的插槽对准 CH1 同轴电缆插接件（BNC）上的插口并插入，然后向右旋转以拧紧探头。

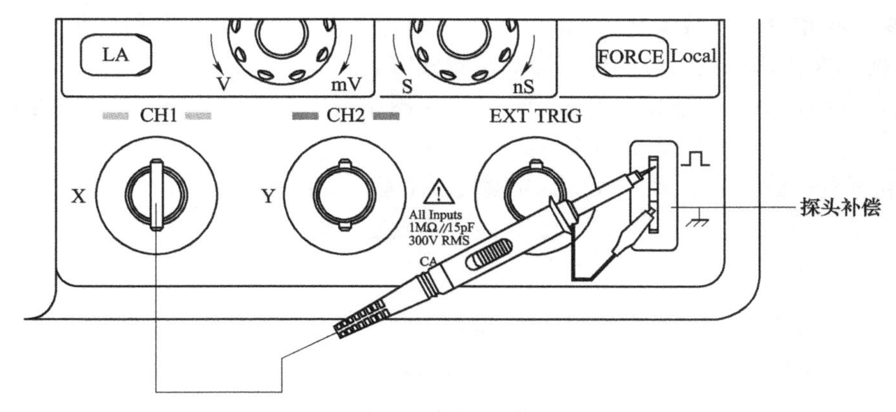

图1-10 探头接线示意图

2）示波器需要输入探头衰减系数。此衰减系数改变仪器的垂直档位比例，从而使得测量结果能够正确反映被测信号的电平（默认的探头菜单衰减系数设定值为1×）。设置探头衰减系数的方法如下：按 CH1 功能键显示通1的操作菜单，应用与探头项目平行的3号菜单操作键，选择与使用的探头同比例的衰减系数。此时设定应为10×。设定探头上的参数示意图如图1-11所示，设定菜单中的系数示意图如图1-12所示。

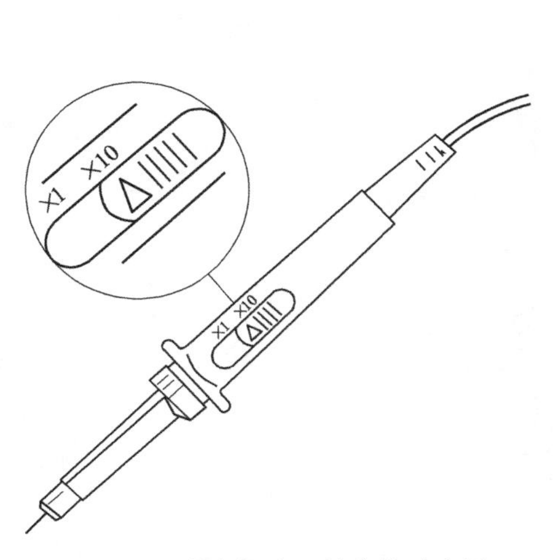

图1-11 设定探头上的参数示意图

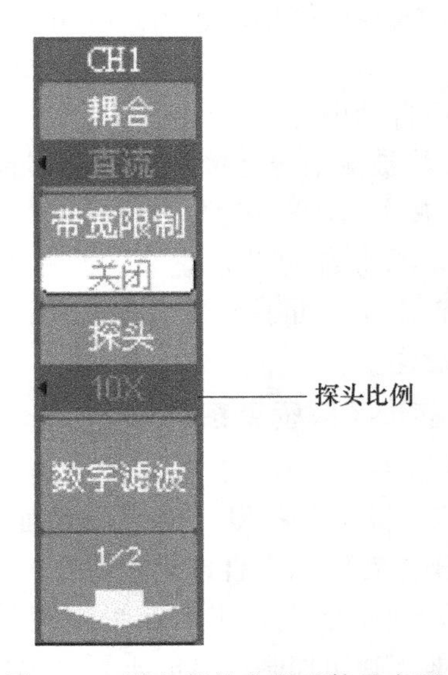

图1-12 设定菜单中的系数示意图

3）把探头端部和接地夹接到探头补偿器的连接器上。按 AUTO（自动设置）按钮，几秒钟内，可见到方波显示。

4）以同样的方法检查通道 2（CH2）。按 OFF 功能按钮或再次按下 CH1 功能按钮以关闭通道 1，按 CH2 功能按钮以打开通道 2，重复步骤 2）和步骤 3）。

注意：探头补偿连接器输出的信号仅作探头补偿调整之用，不可用于校准。

4. 探头补偿

在首次将探头与任一输入通道连接时，应进行此项调节，使探头与输入通道相配。未经补偿或补偿偏差的探头会导致测量误差或错误。若调整探头补偿，应按如下步骤进行：

1）将探头菜单衰减系数设定为 10×，探头上的开关设定为 10×，并将示波器探头与通道 1 连接。如果使用探头钩形头，应确保与探头接触紧密。

将探头端部与探头补偿连接器的信号输出连接器相连，基准导线夹与探头补偿连接器的接地线连接器相连，打开通道 1，然后按 AUTO 按钮。

2）检查所显示波形的形状。示波器补偿波形示意图如图 1-13 所示。

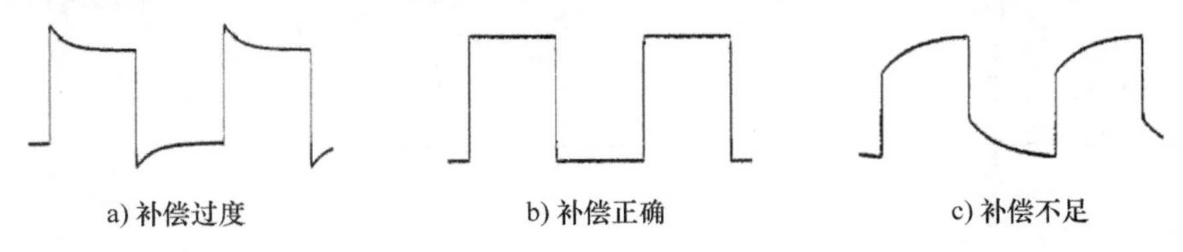

a) 补偿过度　　b) 补偿正确　　c) 补偿不足

图 1-13　示波器补偿波形示意图

3）如有必要，用非金属质地的螺钉旋具调整探头上的可变电容，直到屏幕显示的波形如图 1-13b 所示，则表示补偿正确。

4）必要时可重复以上步骤。

5. 波形显示的自动设置

DS1102E 型示波器具有自动设置的功能。根据输入的信号，可自动调整电压倍率、时基以及触发方式至最好形态显示。应用自动设置要求被测信号的频率大于或等于 50Hz，占空比大于 1%。

使用自动设置：

1）将被测信号连接到信号输入通道。

2）按下 AUTO 按钮。

示波器将自动设置垂直、水平和触发控制。如有需要，可手工调整这些控制使波形显示达到最佳。

6. 初步了解垂直系统

如图 1-14 所示，在垂直控制区（VERTICAL）有一系列的按键、旋钮。下面的练习逐步引导操作者熟悉垂直设置的使用。

（1）使用垂直旋钮在波形窗口居中显示信号　垂直旋钮控制信号的垂直显示位置，当转动垂直旋钮时，指示通道地（GROUND）的标识跟随波形上下移动。

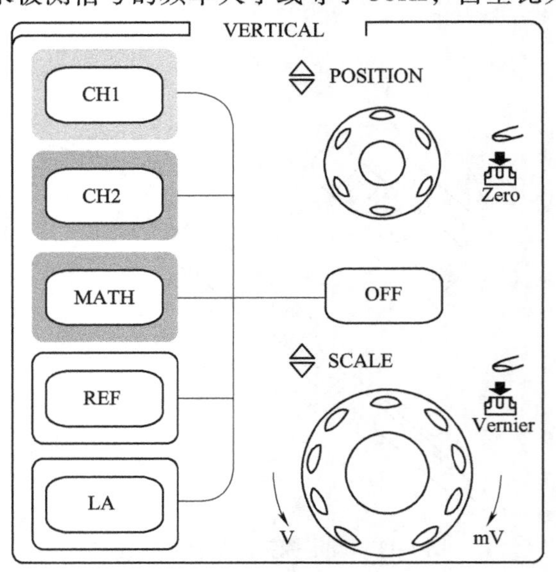

图 1-14　垂直控制区

1）测量技巧。如果通道耦合方式为DC，可以通过观察波形与信号地之间的差距来快速测量信号的直流分量。如果耦合方式为AC，信号里面的直流分量被滤除。这种方式方便用户用更高的灵敏度显示信号的交流分量。

2）双模拟通道垂直位置恢复到零点快捷键。旋动垂直旋钮不但可以改变通道的垂直显示位置，还可以通过按下该旋钮作为设置通道垂直显示位置恢复到零点的快捷键。

（2）改变垂直设置并观察状态信息变化　可以通过波形窗口下方的状态栏显示的信息，确定任何垂直档位的变化。转动垂直旋钮改变“Volt/div(伏/格)”垂直档位，可以发现状态栏对应通道的档位显示发生了相应的变化。按CH1、CH2、MATH、REF和LA，屏幕显示对应通道的操作菜单、标志、波形和档位状态信息。按OFF按键关闭当前选择的通道。

注意：Coarse/Fine为粗调/微调快捷键。可通过按下垂直旋钮作为设置输入通道的粗调/微调状态的快捷键，然后调节该旋钮即可粗调/微调垂直档位。

7. 初步了解水平系统

如图1-15所示，在水平控制区（HORIZONTAL）有一个按键、两个旋钮。下面的练习逐渐引导操作者熟悉水平设置的使用。

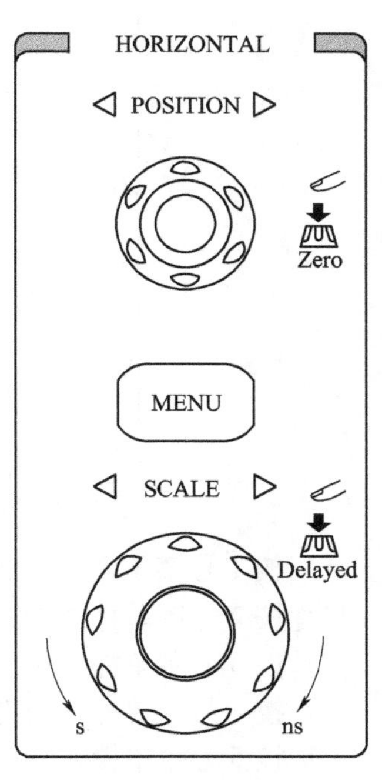

图1-15　水平控制区

（1）使用水平“SCALE”旋钮　改变水平档位设置，并观察因此导致的状态信息变化。转动水平“SCALE”旋钮，改变“s/div（秒/格）”水平档位，可以发现状态栏对应通道的档位显示发生了相应的变化。水平扫描速度从2ns～50s，以1—2—5的形式步进。

注意：Delayed为延迟扫描快捷键。水平“SCALE”旋钮不但可以通过转动调整“s/div（秒/格）”，也可以按下后切换到延迟扫描状态。

（2）使用水平“POSITION”旋钮　调整信号在波形窗口的水平位置。

1）水平“POSITION”旋钮控制信号的触发位移。当应用于触发位移时，转动水平“POSITION”旋钮时，可以观察到波形随旋钮发生水平移动。

2）触发点位移恢复到水平零点快捷键。水平“POSITION”旋钮不但可以通过转动调整信号在波形窗口的水平位置，也可以按下该键使触发位移（或延迟扫描位移）恢复到水平零点处。

（3）按MENU按键，显示TIME菜单　在此菜单下，可以开启/关闭延迟扫描或切换Y—T、X—Y和ROLL模式，还可以设置水平触发位移复位。

所谓触发位移，指实际触发点相对于存储器中点的位置。转动水平“POSITION”旋钮，可以水平移动触发点。

8. 初步了解触发系统

如图1-16所示，在触发控制区（TRIGGER）有一个旋钮、三个按键。下面通过练习逐渐引导操作者熟悉触发系统的设置。

（1）使用“LEVEL”旋钮改变触发电平设置　转动“LEVEL”旋钮，可以发现屏幕上出现一条橘红色的触发线以及触发标志，并随“LEVEL”旋钮转动而上下移动。停止转动“LEVEL”旋钮，此触发线和触发标志会在约5s后消失。在移动触发线的同时，可以观察到在屏幕上触发电平的数值发生了变化。

触发电平恢复到零点快捷键的设置。旋动垂直“LEVEL”旋钮不但可以改变触发电平值，还可以通过按下该旋钮作为设置触发电平恢复到零点的快捷键。

（2）使用 MENU 按键调出触发操作菜单（图 1-17） 改变触发的设置，观察由此造成的状态变化。

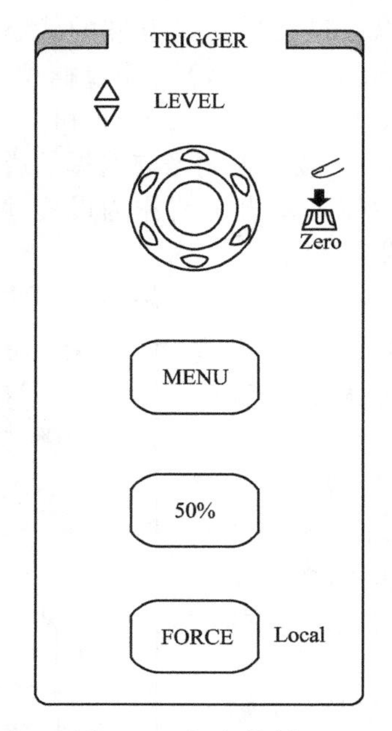

图 1-16 触发控制区

图 1-17 触发操作菜单

1）按 1 号菜单操作按键，选择边沿触发。

2）按 2 号菜单操作按键，选择“信源选择”为 CH1。

3）按 3 号菜单操作按键，设置“边沿类型”为上升沿。

4）按 4 号菜单操作按键，设置“触发方式”为自动。

5）按 5 号菜单操作按键，进入“触发设置”二级菜单，对触发的耦合方式，触发灵敏度和触发释抑时间进行设置。

注意：改变前三项设置会导致屏幕右上角状态栏发生变化。

（3）按 50%按键 设定触发电平在触发信号幅值的垂直中点。

（4）按 FORCE 按键 强制产生一触发信号，主要应用于触发方式中的“普通”和“单次”模式。

所谓触发释抑，是指重新启动触发电路的时间间隔。旋动多功能旋钮，可设置触发释抑时间。

1.4 常用电子仪器的使用

1. 实验目的

1）学习电子电路实验中常用的电子仪器——示波器、函数信号发生器、直流稳压电源和交流毫伏表等的主要技术指标、性能及正确使用方法。

2）初步掌握用双踪示波器观察正弦信号波形和读取波形参数的方法。

2. 实验设备与器件

1）函数信号发生器。

2）双踪示波器。

3）交流毫伏表。

3. 实验原理

在模拟电子电路实验中，经常使用的电子仪器有示波器、函数信号发生器、直流稳压电源、交流毫伏表及频率计等。它们和万用表一起，可以完成对模拟电子电路静态和动态工作情况的测试。

实验中要对各种电子仪器进行综合使用，可按照信号流向，以连线简捷、调节顺手、观察与读数方便等原则进行合理布局。各仪器与被测实验装置之间的布局与连接如图1-18所示。接线时应注意，为防止外界干扰，各仪器的公共接地端应连接在一起，称为共地。信号源和交流毫伏表的引线通常用屏蔽线或专用电缆线；示波器接线使用专用电缆线，即同轴电缆线；直流电源的接线使用普通导线。

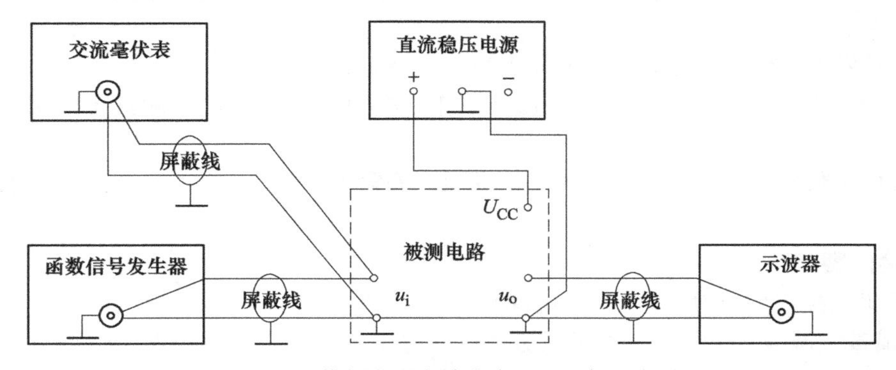

图1-18　模拟电子电路中常用电子仪器布局

（1）示波器　示波器是一种用途很广的电子测量仪器，它既能直接显示电信号的波形，又能对电信号进行各种参数的测量。现着重指出下列几点：

1）寻找扫描光迹。将示波器Y轴显示方式置“Y_1”或“Y_2”，输入耦合方式置“GND”。开机并预热后，若在显示屏上不出现光点和扫描基线，可按下列操作找到扫描线：

① 适当调节亮度旋钮。

② 触发方式开关置“自动”。

③ 适当调节垂直（↑↓）、水平（←→）“位移”旋钮，使扫描光迹位于屏幕中央。若示波器设有“寻迹”按键，可按下“寻迹”按键，判断光迹偏移基线的方向。

2）双踪示波器显示方式。一般有5种显示方式，即“Y_1”“Y_2”“Y_1+Y_2”三种单踪显示方式和“交替”“断续”两种双踪显示方式。“交替”显示一般适于输入信号频率较高时使用；“断续”显示一般适于输入信号频率较低时使用。

3）显示稳定的波形。为了显示稳定的被测信号波形，“触发源选择”开关一般选择“内”触发，使扫描触发信号取自示波器内部的Y通道。

4）触发方式选择。触发方式开关通常先置于“自动”位置，待调出波形后，若被显示的波形不稳定，可将触发方式开关置于“常态”位置，通过调节“触发电平”旋钮找到合适的触发电压，使被测试的波形稳定地显示在示波器屏幕上。

有时，由于选择了较慢的扫描速率，显示屏上将会出现闪烁的光迹，但被测信号的波形不在X轴方向左右移动，这样的现象仍属于稳定显示。

5）调整波形显示。适当调节“扫描速率”开关及“Y轴灵敏度”开关，使屏幕上显示一两个周期的被测信号波形。在测量幅值时，应注意将“Y轴灵敏度微调”旋钮置于“校准”位置，即顺时针旋转到底且听到关的声音。在测量周期时，应注意将“X轴扫速微调”旋钮置于“校准”位置，即顺时针旋转到底且听到关的声音。还要注意“扩展”旋钮的位置及使用范围。

根据被测波形在屏幕坐标刻度上垂直方向所占的格数（div或cm）与“Y轴灵敏度”开关指示值（V/div）的乘积，即可算得信号幅值的实测值。

根据被测信号波形的一个周期在屏幕坐标刻度水平方向所占的格数（div或cm）与“扫描速率”开关指示值（t/div）的乘积，即可算得信号频率的实测值。

（2）函数信号发生器　函数信号发生器按需要输出正弦波、方波和三角波三种信号波形。输出电压最大可达峰-峰值20V。通过输出衰减开关和输出幅度调节旋钮，可使输出电压在毫伏（mV）级到伏（V）级范围内连续调节。函数信号发生器的输出信号频率可以通过频率分档开关进行调节。

函数信号发生器作为信号源，它的输出端不允许短路。

（3）交流毫伏表　交流毫伏表只能在其工作频率范围之内，用来测量正弦交流电压的有效值。

为了防止过载而损坏，测量前一般先把量程开关置于量程较大的位置上，然后在测量中逐档减小量程。

4. 实验内容

（1）用机内校正信号对示波器进行自检

1）扫描基线调节。将示波器的显示方式开关置于“单踪”显示（Y_1或Y_2），输入耦合方式开关置于“GND”，触发方式开关置于“自动”。开启电源开关后，调节“辉度”“聚焦”“辅助聚焦”等旋钮，使荧光屏上显示一条细且亮度适中的扫描基线。然后调节“X轴位移”（→←）和“Y轴位移”（↑↓）旋钮，使扫描线位于屏幕中央，并且能上下左右移动自如。

2）测试“校正信号”波形的幅度、频率。将示波器的“校正信号”通过专用电缆线引入选定的Y通道（Y_1或Y_2），将Y轴输入耦合方式开关置于“AC”或“DC”，触发源选择开关置“内”，内触发源选择开关置“Y_1”或“Y_2”。调节X轴“扫描速率”开关（t/div）和Y轴“输入灵敏度”开关（V/div），使示波器显示屏上显示出一个或数个周期稳定的方波信号。

① 校准“校正信号”幅度。将“Y轴灵敏度微调”旋钮置于“校准”位置，“Y轴灵敏度”开关置于适当位置，读取校正信号幅度，记入表1-1中。

表1-1　校正信号的标准值和实测值

测试项目	标准值	实测值
幅度峰-峰值/V		
频率f/kHz		
上升沿时间/μs		
下降沿时间/μs		

注意：不同型号的示波器，其标准值有所不同，应按所使用示波器将标准值填入表格中。

② 校准“校正信号”频率。将“扫描速率微调”旋钮置于“校准”位置，“扫描速率”开关置于适当位置，读取校正信号周期，记入表 1-1 中。

③ 测量“校正信号”的上升沿时间和下降沿时间。调节“Y 轴灵敏度”开关及微调旋钮，并移动波形，使方波信号在垂直方向上正好占据中心轴上，且上下对称，便于阅读。通过“扫描速率”开关逐级提高扫描速度，使波形在 X 轴方向扩展（必要时可利用“扫速扩展”开关将波形再扩展 10 倍），并同时调节触发电平旋钮，从显示屏上清楚地读出上升沿时间和下降沿时间，记入表 1-1 中。

（2）用示波器和交流毫伏表测量信号参数　调节函数信号发生器有关旋钮，使输出频率分别为 100Hz、1kHz、10kHz 和 100kHz，其有效值均为 1V（交流毫伏表测量值）的正弦波信号。

改变示波器“扫描速率”开关及“Y 轴灵敏度”开关等位置，测量信号源输出电压频率及峰-峰值，记入表 1-2 中。

表 1-2　测量信号源输出电压频率及峰-峰值

信号电压频率 f/kHz	示波器测量值		信号电压毫伏表读数/V	示波器测量值	
	周期 T/ms	频率 f/Hz		峰-峰值/V	有效值 U/V
0.1					
1					
10					
100					

（3）测量两波形间的相位差

1）观察双踪显示波形“交替”与“断续”两种显示方式的特点。Y_A、Y_B 均不加输入信号，输入耦合方式置“GND”，“扫描速率”开关置扫描速率较低档位（如 0.5s/div 档）或扫描速率较高档位（如 5μs/div 档）；把显示方式开关分别置“交替”和“断续”位置，观察两条扫描基线的显示特点，并记录下来。

2）用双踪示波器测量两波形间的相位差。

① 按图 1-19 连接实验电路，将函数信号发生器的输出电压调至频率为 1kHz，幅值为 2V 的正弦波；经 RC 移相网络获得频率相同但相位不同的两路信号 u_i 和 u_R，分别加到双踪示波器的 Y_A 和 Y_B 的输入端。

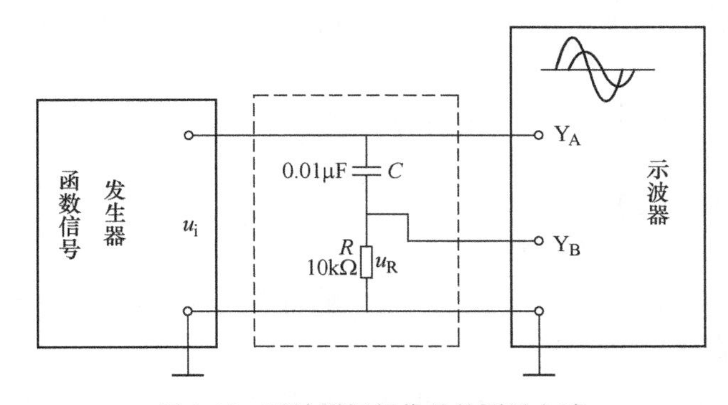

图 1-19　两波形间相位差的测量电路

为便于稳定波形，比较两波形相位差，应使内触发信号取自被设定的一路信号，并将该信号作为测量基准。

② 把显示方式开关置于“交替”档位，将 Y_A 和 Y_B 输入耦合方式开关置于“⊥”档位，调节 Y_A、Y_B的（↑↓）移位旋钮，使两条扫描基线重合。

③ 将 Y_A、Y_B 输入耦合方式开关置于“AC”档位，调节触发电平、“扫描速率”开关及 Y_A、Y_B灵敏度开关位置，使在荧光屏上显示出易于观察的两个相位不同的正弦波形 u_i 及 u_R，如图 1-20 所示。根据两波形在水平方向差距 X 及信号周期 X_T，则可求得两波形相位差 θ，即

$$\theta = \frac{X(\text{div})}{X_T(\text{div})} \times 360°$$

式中　X_T——一个周期所占格数；

X——两个波形在 X 轴方向的差距格数。

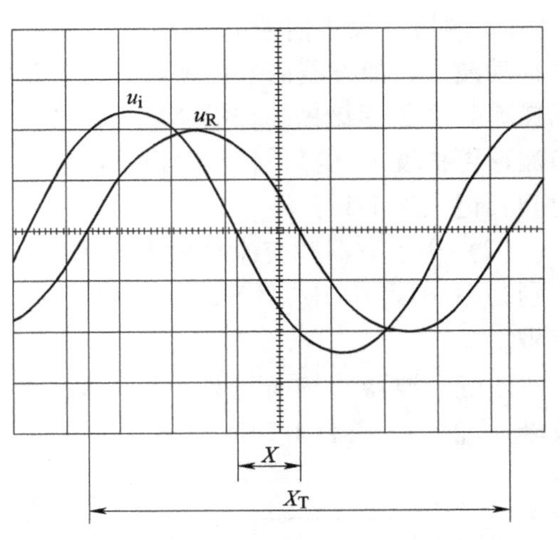

图 1-20　双踪示波器显示两相位不同的正弦波

将两波形的相位差记录于表 1-3 中。

表 1-3　两波形的相位差

一个周期格数	两个波形在 X 轴上的差距格数	相位差	
		实测值	计算值
X_T =	X =	θ=	θ=

为了读数和计算方便，可适当调节“扫描速率”开关及微调旋钮，使波形的一个周期只占整格数。

5. 实验总结

1）整理实验数据并进行分析。

2）问题讨论：

① 如何操作示波器的有关旋钮，以便从示波器显示屏上观察到稳定、清晰的波形？

② 用双踪示波器显示波形，并要求比较相位时，为在显示屏上得到稳定波形，应怎样选择下列开关的位置？

a. 显示方式选择（Y_1、Y_2、Y_1+Y_2、交替和断续）。

b. 触发方式（常态、自动）。

c. 触发源选择（内、外）。

d. 内触发源选择（Y_1、Y_2和交替）。

3）函数信号发生器有哪几种输出波形？它的输出端能否短接？若用屏蔽线作为输出引线，则屏蔽层一端应该接在哪个接线柱上？

4）交流毫伏表用来测量正弦波电压还是非正弦波电压？它的表头指示值是被测信号的什么数值？它是否可以用来测量直流电压的大小？

1.5　Multisim 12 仿真软件的应用

1.5.1　Multisim 12 仿真环境

1. 工作界面

（1）Multisim 12 的主窗口界面　Multisim 12 的工作界面如图 1-21 所示。

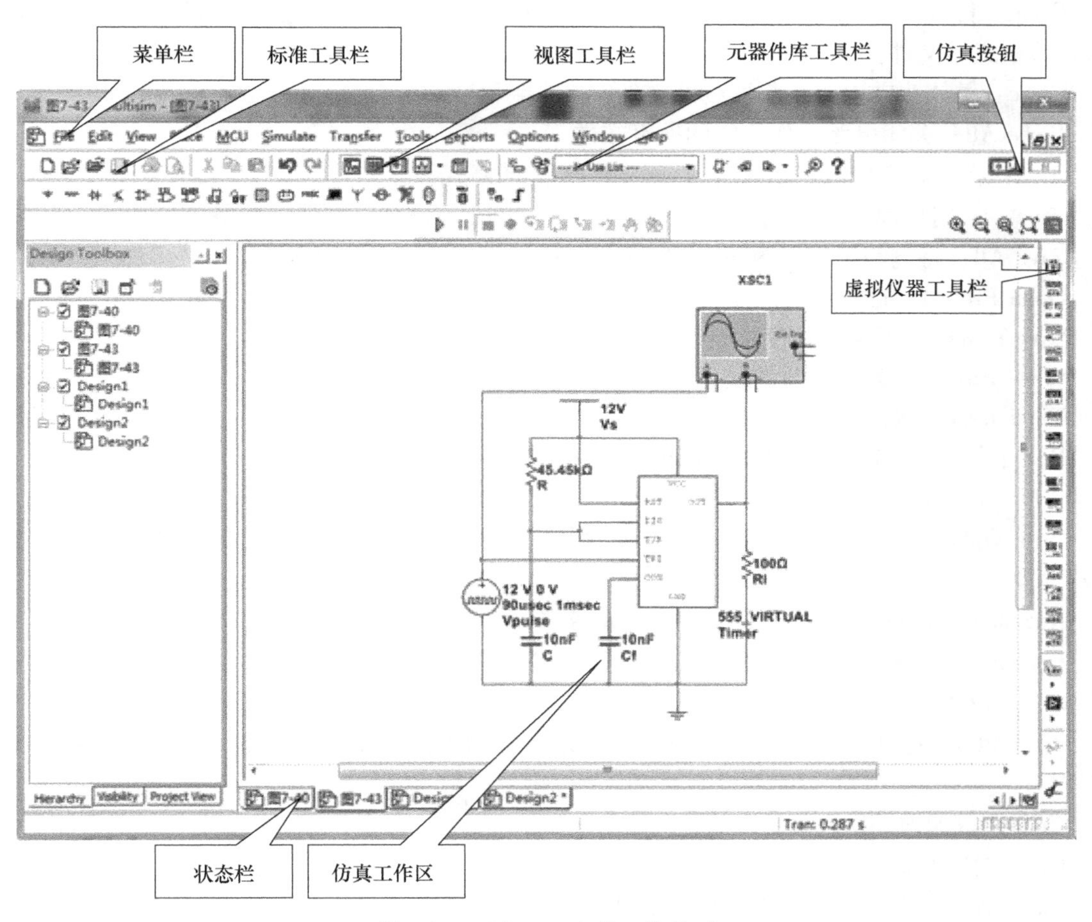

图 1-21　Multisim 12 的工作界面

该界面由多个区域构成：菜单栏、元器件库工具栏、虚拟仪器工具栏、仿真按钮等。工作界面中的元器件库工具栏、虚拟仪器工具栏及其他工具栏均可在相应的菜单下找到，增加工具栏可方便用户操作。通过对各部分的操作可以实现电路图的输入、编辑，并根据需要对电路进行相应的观测和分析。

（2）菜单栏　Multisim 12 有 12 个主菜单，如图 1-22 所示，位于界面的上方。菜单中提供了本软件几乎所有的功能命令。

菜单中有一些与大多数 Windows 平台上的应用软件一致的功能选项，如 File、Edit、View、Options 和 Help。此外，还有一些 EDA 软件专用的选项，如 Place、Simulate、Transfer 以及 Tools 等。

File Edit View Place MCU Simulate Transfer Tools Reports Options Window Help

图 1-22 Multisim 12 菜单栏

1）File 菜单。File（文件）菜单提供 19 个文件操作命令，如打开、保存和打印等，File 菜单中的部分命令及功能如下：

New：建立一个新文件。

Open：打开一个已存在的 *. msm12、*. msm9、*. msm8、*. msm7、*. ewb 或 *. utsch 等格式的文件。

Close：关闭当前电路工作区内的文件。

Close All：关闭电路工作区内的所有文件。

Save：将电路工作区内的文件以 *. msm12 的格式存盘。

Save as：将电路工作区内的文件另存为一个文件，仍为 *. msm12 格式。

Save All：将电路工作区内所有的文件以 *. msm12 的格式存盘。

Open Project：打开原有的项目。

Save Project：保存当前的项目。

Close Project：关闭当前的项目。

Version Control：版本控制。

Print：打印电路工作区内的电原理图。

Print Preview：打印预览。

Print Options：包括 Print Setup（打印设置）和 Print Instruments（打印电路工作区内的仪表）命令。

Recent Designs：选择打开最近打开过的文件。

Recent Projects：选择打开最近打开过的项目。

Exit：退出。

2）Edit 菜单。Edit 命令提供了类似于图形编辑软件的基本编辑功能，用于对电路图进行编辑。

Undo：取消前一次操作。

Redo：恢复前一次操作。

Cut：剪切所选择的元器件，放在剪贴板中。

Copy：将所选择的元器件复制到剪贴板中。

Paste：将剪贴板中的元器件粘贴到指定位置。

Delete：删除所选择的元器件。

Select All：选择电路中所有的元器件、导线和仪器仪表。

Delete Multi-Page：删除多页面。

Paste as Subcircuit：将剪贴板中的子电路粘贴到指定位置。

Find：查找电原理图中的元器件。

Graphic Annotation：图形注释。

Orientation：旋转方向选择。包括：Flip Horizontal（将所选择的元器件左右旋转），Flip Vertical（将所选择的元器件上下旋转），90 Clockwise（将所选择的元器件顺时针旋转 90°），

90 CounterCW（将所选择的元器件逆时针旋转 90°）。

Title Block Position：工程图明细表位置。

Edit Symbol/Title Block：编辑符号/工程明细表。

Font：字体设置。

Comment：注释。

Forms/Questions：格式/问题。

Properties：属性编辑。

3）View 菜单。通过 View 菜单可以决定使用软件时的视图，用于控制仿真界面上显示内容的操作命令。

Full Screen：全屏。

Zoom In：放大电原理图。

Zoom Out：缩小电原理图。

Zoom Selection：放大选择。

Show Grid：显示或者关闭栅格。

Show Border：显示或者关闭边界。

Show Page Border：显示或者关闭页边界。

Ruler Bars：显示或者关闭标尺栏。

Statusbar：显示或者关闭状态栏。

Design Toolbox：显示或者关闭设计工具箱。

Circuit Description Box：显示或者关闭电路描述工具箱。

Toolbar：显示或者关闭工具箱。

Show Comment/Probe：显示或者关闭注释/标注。

Grapher：显示或者关闭图形编辑器。

4）Place 菜单。通过 Place 命令，如放置元器件、连接点、总线和文字等 17 个命令，可以在电路工作窗口内输入电路图。

Component：放置元器件。

Junction：放置节点。

Wire：放置导线。

Bus：放置总线。

Connectors：放置输入/输出端口连接器。

New Hierarchical Block：放置层次模块。

Replace Hierarchical Block：替换层次模块。

Hierarchical Block form File：来自文件的层次模块。

New Subcircuit：创建子电路。

Replace by Subcircuit：子电路替换。

Multi-Page：设置多页。

Merge Bus：合并总线。

Bus Vector Connect：总线矢量连接。

Comment：注释。

Text：放置文字。

Grapher：放置图形。

Title Block：放置工程标题栏。

5）MCU 菜单。MCU（微控制器）菜单提供在电路工作窗口内 MCU 的调试操作命令，MCU 菜单中的命令及功能如下：

No MCU Component Found：没有创建 MCU 器件。

Debug View Format：调试格式。

Show Line Numbers：显示线路数目。

Pause：暂停。

Step into：进入。

Step over：跨过。

Step out：离开。

Run to cursor：运行到指针。

Toggle breakpoint：设置断点。

Remove all breakpoint：移出所有的断点。

6）Simulate 菜单。Simulate 菜单提供 18 个电路仿真设置与操作命令。

Run：开始仿真。

Pause：暂停仿真。

Stop：停止仿真。

Instruments：选择仪器仪表。

Interactive Simulation Settings...：交互式仿真设置。

Digital Simulation Settings...：数字仿真设置。

Analyses：选择仿真分析法。

Simulation Error Log/Audit Trail：仿真误差记录/查询索引。

XSpice Command Line Interface：XSpice 命令界面。

Load Simulation Setting：导入仿真设置。

Save Simulation Setting：保存仿真设置。

Auto Fault Option：自动故障选择。

VHDLSimlation：VHDL 仿真。

Dynamic Probe Properties：动态探针属性。

7）Transfer 菜单。Transfer 菜单提供的命令可以完成 Multisim 对其他 EDA 软件需要的文件格式的输出。

Transfer to Ultiboard 12：将电路图传送给 Ultiboard 12。

Transfer to Ultiboard 9 or earlier：将电路图传送给 Ultiboard 9 或者其他早期版本。

Export to PCB Layout：输出 PCB 设计图。

Forward Annotate to Ultiboard 12：创建 Ultiboard 12 注释文件。

Forward Annotate to Ultiboard 9 or earlier：创建 Ultiboard 9 或者其他早期版本注释文件。

Backannotate from Ultiboard：修改 Ultiboard 注释文件。

Highlight Selection in Ultiboard：加亮所选择的 Ultiboard。

Export Netlist：输出网表。

8）Tools 菜单。Tools 菜单主要针对元器件的编辑与管理的命令。

Component Wizard：元器件编辑器。

Database：数据库。

Variant Manager：变量管理器。

Set Active Variant：设置动态变量。

Circuit Wizards：电路编辑器。

Rename/Renumber Components：元器件重新命名/编号。

Replace Components...：元器件替换。

Update Circuit Components...：更新电路元器件。

Update HB/SC Symbols：更新 HB/SC 符号

Electrical Rules Check：电气规则检验。

Clear ERC Markers：清除 ERC 标志。

Toggle NC Marker：设置 NC 标志。

Symbol Editor...：符号编辑器。

Title Block Editor...：工程图明细表比较器。

Description Box Editor...：描述箱比较器。

Edit Labels...：编辑标签。

Capture Screen Area：抓图范围。

9）Reports 菜单。Reports（报告）菜单提供材料清单等 6 个报告命令，Reports 菜单中的命令及功能如下：

Bill of Report：材料清单。

Component Detail Report：元器件详细报告。

Netlist Report：网络表报告。

Cross Reference Report：参照表报告。

Schematic Statistics：统计报告。

Spare Gates Report：剩余门电路报告。

10）Options 菜单。通过 Option 菜单可以对软件的运行环境进行定制和设置。

Global Preferences...：全部参数设置。

Sheet Properties：工作台界面设置。

Customize User Interface...：用户界面设置。

11）Window 菜单。Window（窗口）菜单提供 9 个窗口操作命令，Window 菜单中的命令及功能如下：

New Window：建立新窗口。

Close：关闭窗口。

Close All：关闭所有窗口。

Cascade：窗口层叠。

Tile Horizontal：窗口水平平铺。

Tile Vertical：窗口垂直平铺。

Windows...：窗口选择。

12）Help 菜单。Help（帮助）菜单为用户提供在线帮助和辅助说明，Help 菜单中的命令及功能如下：

Multisim Help：主题目录。

Components Reference：元器件索引。

Release Notes：版本注释。

Check For Updates...：更新校验。

File Information...：文件信息。

Patents...：专利权。

About Multisim：有关 Multisim 的说明。

（3）工具栏　Multisim 12 提供了多种工具栏，并以层次化的模式加以管理，用户可以通过 View 菜单中的选项方便地将顶层的工具栏打开或关闭，再通过顶层工具栏中的按钮来管理和控制下层的工具栏。通过工具栏，可给电路的创建和仿真带来许多方便。Multisim 12 常用的工具栏有 Standard 工具栏、Component 工具栏、Instruments 工具栏和 Simulation 工具栏等。

1）Standard 工具栏。包含了常见的文件操作和编辑操作，如图 1-23 所示。

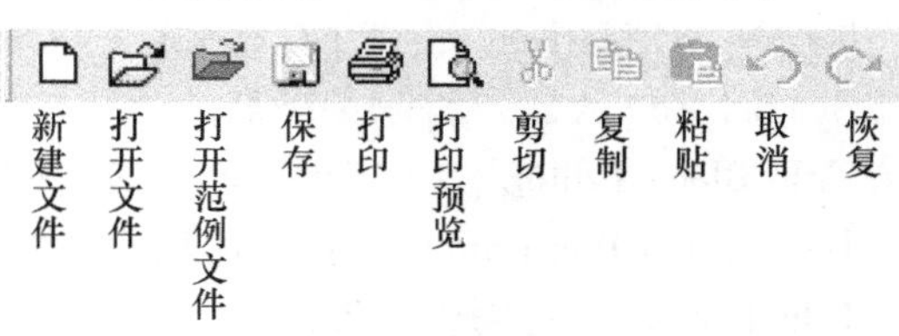

图 1-23　Standard 工具栏

2）Component 工具栏。每一个按钮都对应一类元器件，其分类方式和 Multisim 12 元器件数据库中的分类相对应，通过按钮上的图标就可大致清楚该类元器件的类型。具体的内容可以从 Multisim 12 的在线文档中获取，如图 1-24 所示。

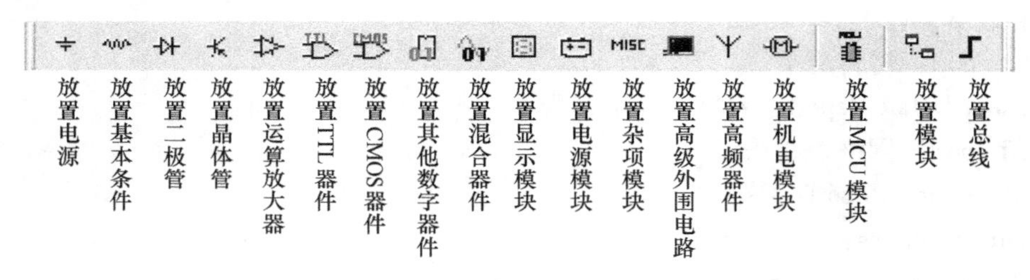

图 1-24　Component 工具栏

3）Instruments 工具栏。集中了 Multisim 12 为用户提供的所有虚拟仪器仪表，用户可以通过按钮选择自己需要的仪器对电路进行观测，如图 1-25 所示。

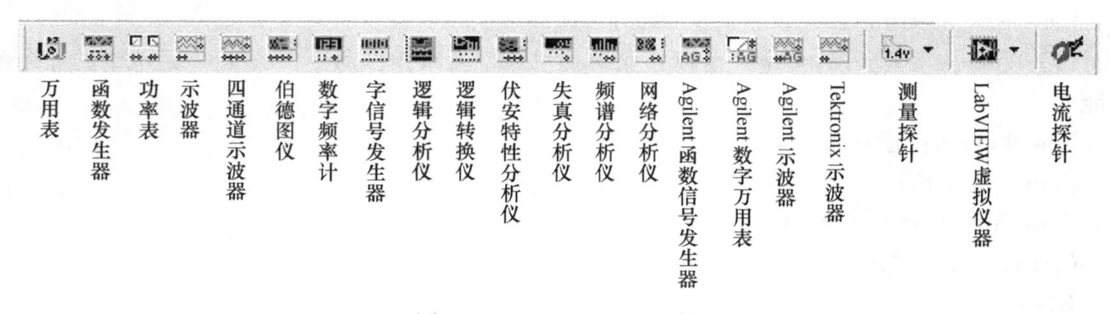

图 1-25　Instruments 工具栏

4）Simulation 工具栏。可以控制电路仿真的开始、结束和暂停，如图 1-26 所示。

图 1-26　Simulation 工具栏

2. 创建电路

（1）创建 DIN 格式电路　Multisim 12 提供 ANSI（美国国家标准学会）和 DIN（德国国家标准学会）两种图形符号格式供选择，默认格式为 ANSI。通过设置可选择 DIN 格式。选择菜单 Options/Global Preferences，弹出 Preferences 对话框，如图 1-27 所示。

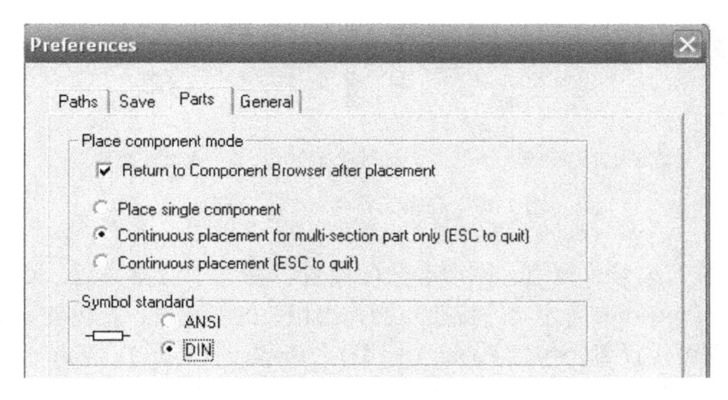

图 1-27　Preferences 对话框（Parts 选项卡）

（2）取用元器件　选用元器件时，首先在元器件库栏中用鼠标单击包含该元器件的图标，打开该元器件库。然后从选中的元器件库对话框中（图 1-28），用鼠标单击将该元器件，然后单击“OK”即可，用鼠标拖曳该元器件到电路工作区的适当地方即可。

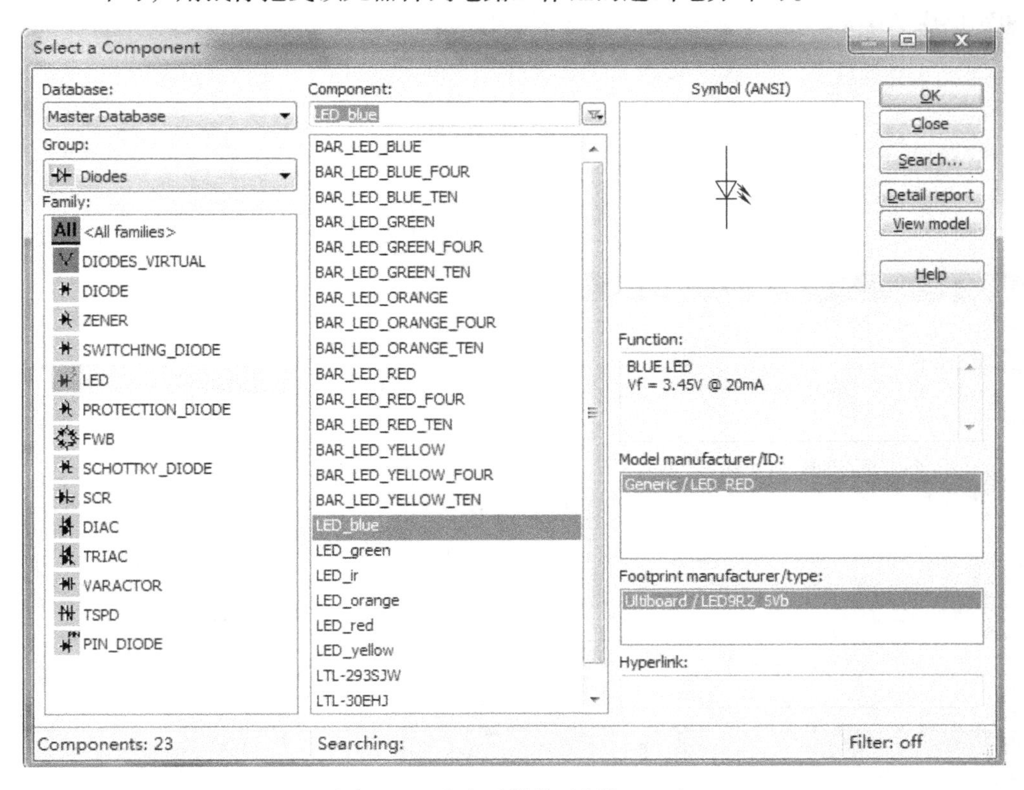

图 1-28　选取元器件（例如 LED）

当把元器件放置到电路编辑窗口中后，用户就可以进行移动、复制和粘贴等编辑工作了。常用的元器件编辑功能有：90° Clockwise——顺时针旋转 90°、90° CounterCW——逆时针旋转 90°、Flip Horizontal——水平翻转、Flip Vertical——垂直翻转、Component Properties——元器件属性等。这些操作可以在菜单栏 Edit 子菜单下选择命令，也可以应用快捷键进行快捷操作。编辑元器件如图 1-29 所示。

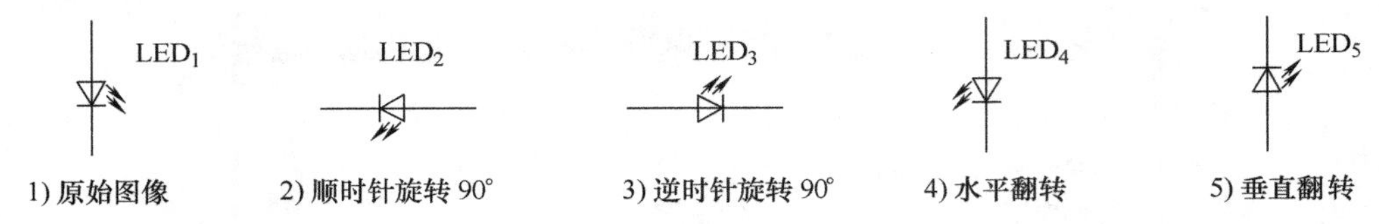

图 1-29　编辑元器件（例如 LED）

（3）元器件标签、编号、数值、模型参数的设置　在选中元器件后，双击该元器件，或者选择菜单命令 Edit→Properties（元器件特性）会弹出相关的对话框，可供输入数据。元器件特性对话框具有多种选项可供设置，包括 Label（标识）、Display（显示）、Value（数值）、Fault（故障设置）、Pins（引脚端）和 Variant（变量）等内容。元器件特性对话框如图 1-30 所示。

（4）将元器件连接成电路　在将电路需要的元器件放置在电路编辑窗口后，用鼠标就可以方便地将元器件连接起来。具体方法是：用鼠标单击连线的起点并拖动鼠标至连线的终点。在 Multisim 12 中连线的起点和终点不能悬空。

以二极管限幅电路为例，在电路工作区，使用鼠标将元器件的一个端子连至其他的元器件上，如图 1-31 所示。

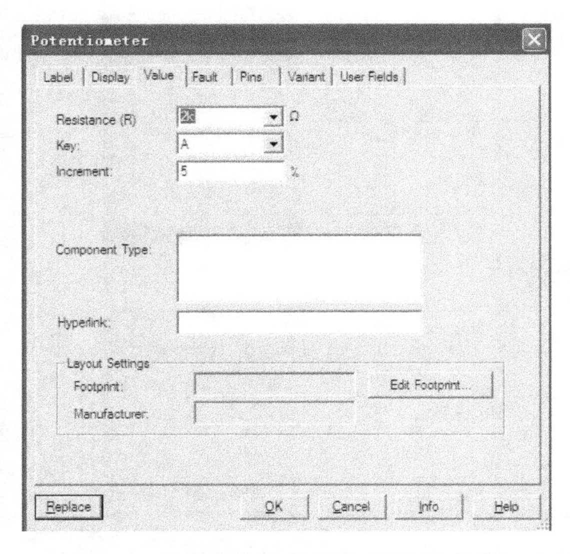

图 1-30　元器件特性对话框（例如电位器）

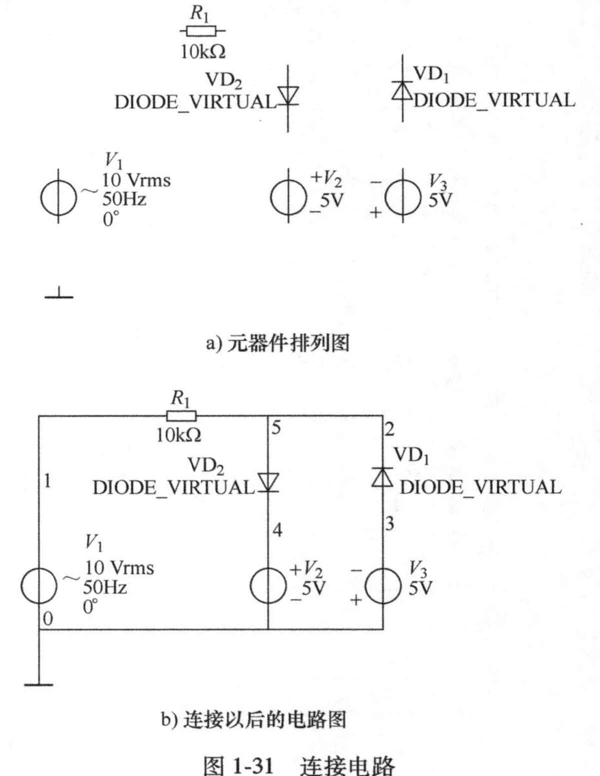

图 1-31　连接电路

（5）文件存盘　单击标准工具栏中的存盘按钮图标，弹出 Save As 对话框，如图 1-32 所示。将绘制的仿真电路存储到指定的文件夹中。图 1-32 中的文件名为二极管限幅电路。

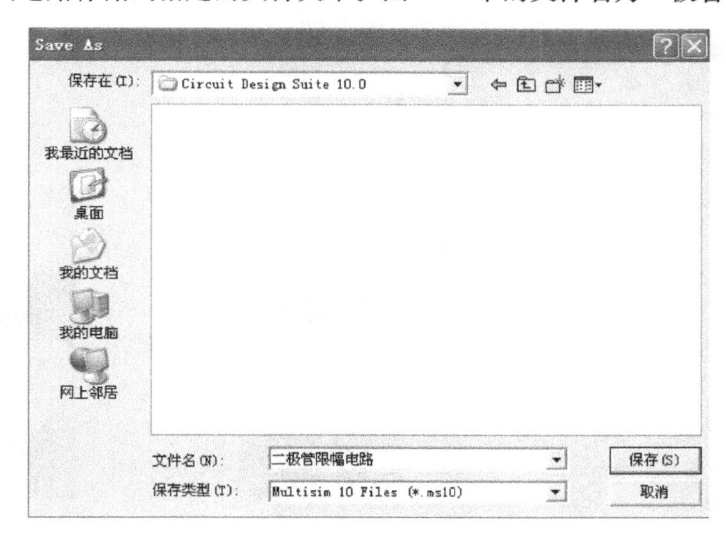

图 1-32　保存文件

3. Multisim 12 虚拟仪器仪表的使用

Multisim 12 的虚拟仪器仪表，大多与真实仪器仪表相对应，虚拟仪器仪表面板与真实仪器仪表相面板类似，有数字式万用表、函数信号发生器、双通道示波器等常规电子仪器，还有波特图仪、失真度仪、频谱分析仪等非常规仪器。用户可根据需要测量的参数选择合适的仪器，将其拖到电路窗口，并与电路连接。在仿真运行时，就可以完成对电路参数量的测量，用起来几乎和真的一样。由于仿真仪器的功能是软件化的，所以具有测量数值精确、价格低廉和使用灵活方便的优点。这里，只介绍模拟电路和数字电路仿真中常用的部分仪器仪表。

（1）电压表（Voltmeter）　电压表的图标如图 1-33 所示。电压表的两个接线端有四种连接方式可供选择。

电压表用于测量电路两点间的交流或直流电压，它的两个接线端与被测量的电路并联连接，当测量直流电压时，电压表两个接线端有正负之分，使用时按电路的正负极性对应相接，否则读数将为负值。当测量直流电压时显示数值为平均值，当测量交流电压时显示数值为有效值。

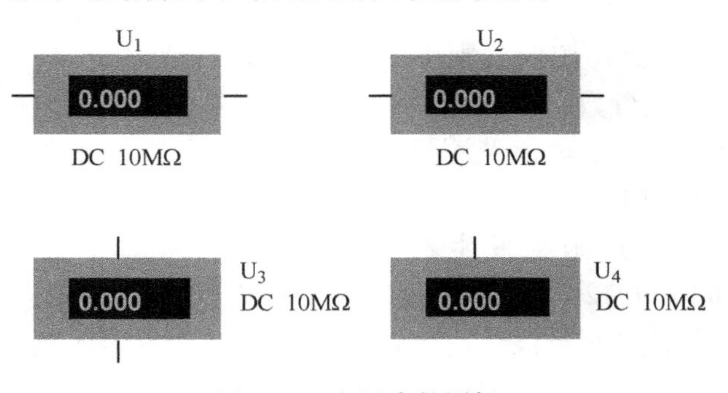

图 1-33　电压表的图标

双击电压表图标，弹出电压表属性窗口，可以设置电压表内阻、电压表模式（测量直流电压、测量交流电压）等属性。电压表参数设置如图 1-34 所示。

（2）电流表（Ammeter）　电流表的图标如图 1-35 所示。电流表的两个接线端有四种连接方式可供选择。必须与被测电流串联。

电流表用于测量电路的交流或直流电流，它有两个接线端，当测量直流电流时，电流表两个接线端有正负之分，使用时按电路的正负极性对应相接，否则读数将为负值。使用时电流表应与被测量的电路串联连接，测量直流电流时显示数值为平均值，测量交流电流时显示数值为有效值。

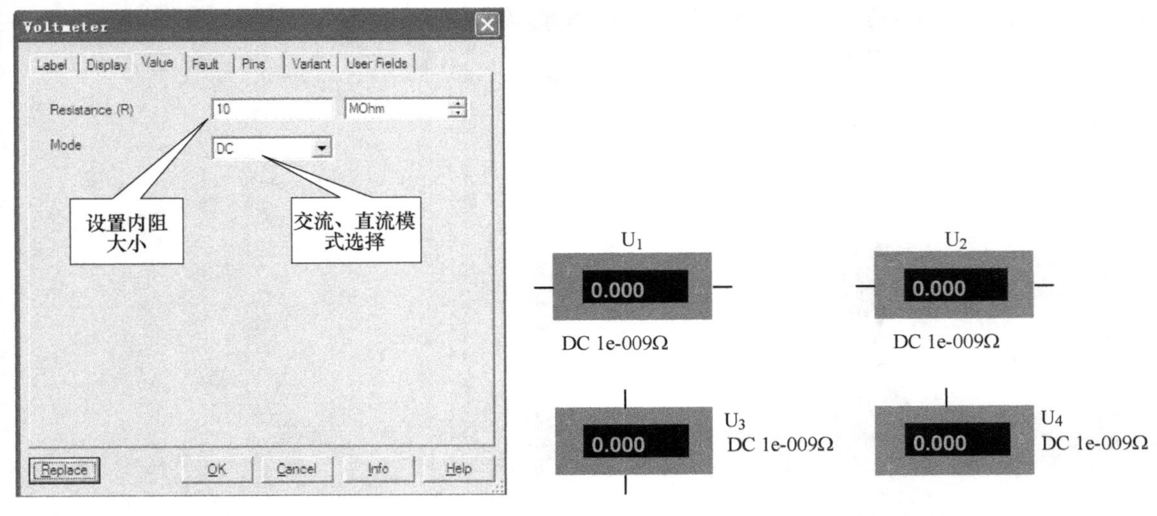

图 1-34　电压表参数设置　　图 1-35　电流表的图标

双击电流表图标，弹出电流表属性窗口，可以设置电流表内阻、电流表模式（测量直流电流、测量交流电流）等属性。电流表参数设置如图 1-36 所示。

（3）数字式万用表（Multimeter）　数字式万用表的操作与实际万用表相似，是一种可以用来测量交直流电压 V、交直流电流 A、电阻 Ω 及电路中两点之间的分贝损耗 dB，自动调整量程的数字显示的多用表。万用表有正极和负极两个引线端。用鼠标单击数字式万用表面板上的设置（Settings）按钮，则弹出参数设置对话框窗口，可以设置数字式万用表的电流表内阻、电压表内阻、欧姆表电流及测量范围等参数。参数设置对话框如图 1-37 所示。

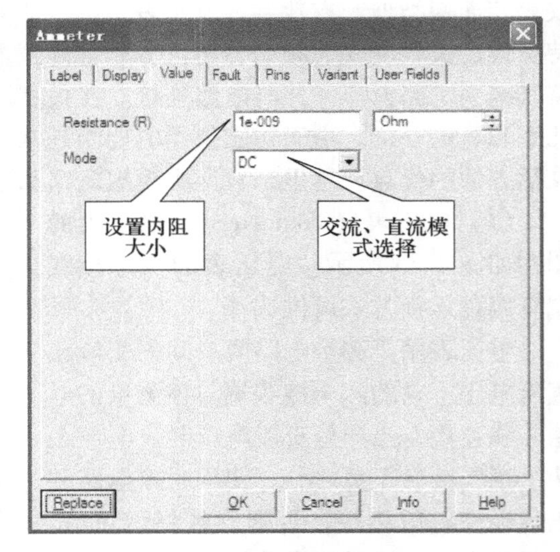

图 1-36　电流表参数设置

（4）函数发生器（Function Generator）　Multisim 12 提供的函数发生器可以产生正弦波、三角波和矩形波，信号频率可在 1Hz～999MHz 范围内调整。信号的幅值以及占空比等参数也可以根据需要进行调节。信号发生器有三个引线端口：负极、正极和公共 COM 端。通常 COM 端连接电路的参考地点，“+”为正波形端，“-”为负波形端，可同时输出两个相位相反的信号（相对 COM 端）。函数发生器如图 1-38 所示。

（5）双通道示波器（Oscilloscope）　Multisim 12 提供的双通道示波器与实际的示波器外观和操作基本相同，该示波器可以观察一路或两路信号波形的形状，分析被测周期信号的幅值和频率，时间基准可在秒和纳秒范围内调节。示波器图标有四个连接点：A 通道输入、B 通道输入、外触发端 T 和接地端 G，如图 1-39 所示。

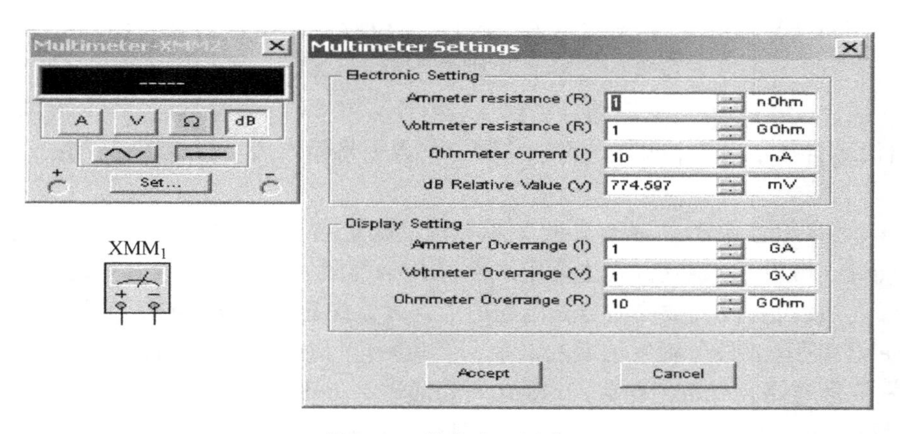

图 1-37　数字式万用表

示波器的控制面板分为四个部分：

1）Time base（时间基准）。Scale（量程）用于设置显示波形时的 X 轴时间基准。X position（X 轴位置）用于设置 X 轴的起始位置。其中，显示方式设置有四种：Y/T 方式是 X 轴显示时间，Y 轴显示电压值；Add 方式是 X 轴显示时间，Y 轴显示 A 通道和 B 通道电压之和；A/B 或 B/A 方式是 X 轴和 Y 轴都显示电压值。

2）Channel A（通道 A）。

① Scale（量程）：通道 A 的 Y 轴电压刻度设置。

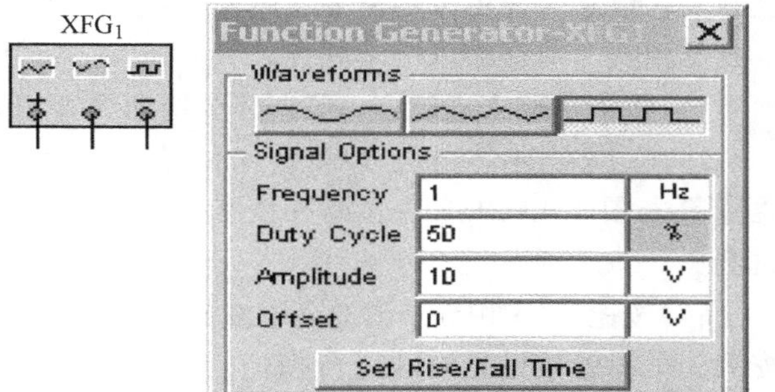

图 1-38　函数发生器

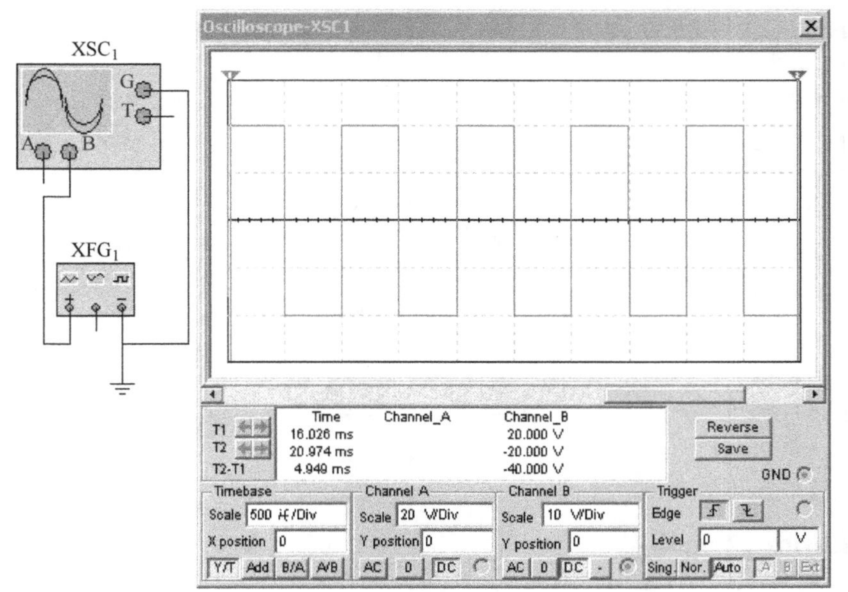

图 1-39　双通道示波器

② Y position（Y 轴位置）：设置 Y 轴的起始点位置，起始点为 0 表明 Y 轴和 X 轴重合，起始点为正值表明 Y 轴原点位置向上移，否则向下移。

③ 触发耦合方式：AC（交流耦合）、0（0 耦合）或 DC（直流耦合），交流耦合只显示交流分量，直流耦合显示直流和交流之和，0 耦合，表示将输入信号对地短路，在 Y 轴设置的原点处显示一条直线。

3）Channel B（通道 B）。通道 B 的 Y 轴量程、起始点和耦合方式等的设置与通道 A 相同。

4）Trigger（触发）。触发方式主要用来设置 X 轴的触发信号、触发电平及边沿等。

① Edge（边沿）：设置被测信号开始的边沿，设置先显示上升沿或下降沿。

② Level（电平）：设置触发信号的电平，使触发信号在某一电平时启动扫描。

③ 触发信号选择：Auto（自动）、通道 A 和通道 B 表明用相应的通道信号作为触发信号；Ext 为外触发；Sing 为单脉冲触发；Nor 为一般脉冲触发。

（6）四通道示波器（Four Channel Oscilloscope） 四通道示波器是 Multisim 中新增的一种仪器，它也是一种可以用来显示电信号波形、幅度和频率等参数的仪器，其使用方法与两通道示波器相似，但存在以下不同点。

1）将信号输入通道由 A、B 两个增加到 A、B、C 和 D 四个通道。

2）在设置各个通道 Y 轴输入信号的标度时，通过单击图 1-40 中通道选择按钮来选择要设置的通道。

3）按钮 A+B 相当于双通道示波器信号中的 Add 按钮，即 X 轴按设置时间进行扫描，而 Y 轴方向显示 A、B 通道的输入信号之和，如图 1-41 所示。

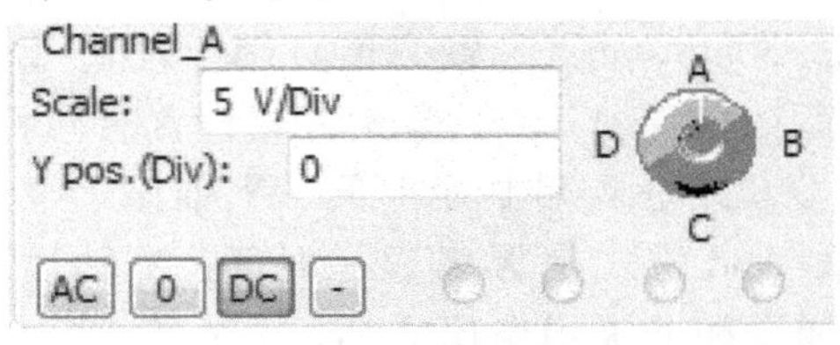

图 1-40 通道选择按钮

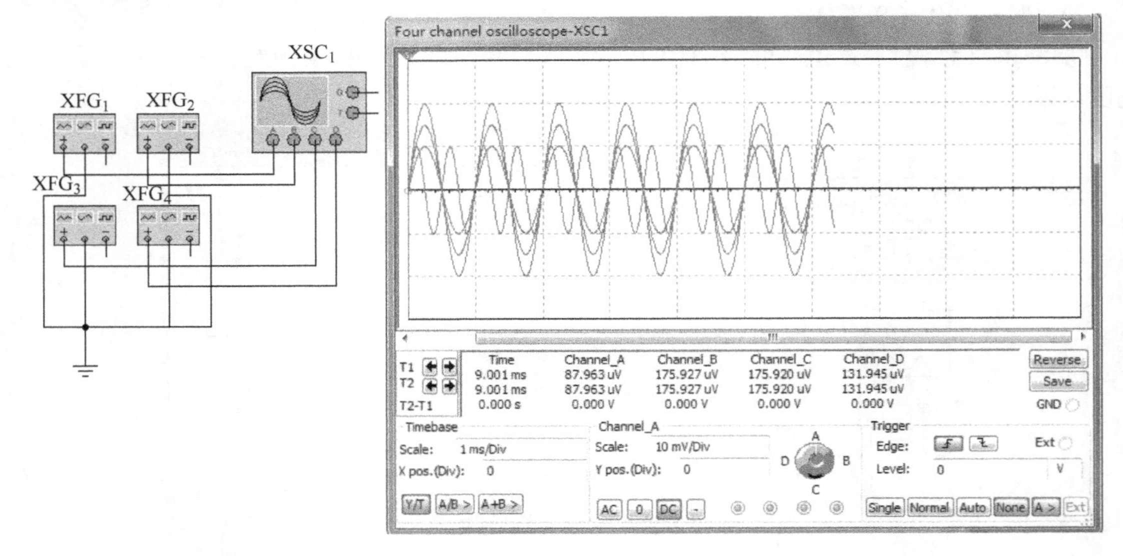

图 1-41 四通道示波器

1.5.2 Multisim 12 元件库

任何一个电子仿真软件都要有一个供仿真用的元器件数据库，即元件库。元件库中仿真元件数量的多少将直接影响该软件的适用范围，模型的质量则影响设计结果的准确性。这一节将主要介绍 Multisim 12 中元件库中与数字电子技术有关的内容。

1. 电源库

电源库（Sources）中共有 62 个电源器件，有为电路提供电能的功率源，有作为输入信号的信号源，还有接地端等。

（1）功率源（Power Sources）　接地元件电压均为 0V，为电路计算提供了一个参考点。如果需要，可以使用多个接地元件，所有连接到接地元件的端都表示同一个点，视为连接在一起。

1）接地端（Ground）。在电路中，“地”是一个公共参考点，电路中所有的电压都是相对于该点而言的电势差。Multisim 支持多点接地系统，所以接地连线都直接连到了地平面上。

2）数字接地端（Digital Ground）。在实际数字电路中，许多数字元件需要接上直流电源才能正常工作，而在原理图中并不直接表示出来。为了更接近于现实，Multisim 在进行数字电路的“Real”仿真时，电路中的数字元件要接上示意性的电源，数字接地当作该电源的参考点。

注意：数字接地端只能用于含有数字元件的电路，通常不能与任何器件相接，仅示意性地放置在电路中。要接 0V 电位，还是使用一般接地端。

3）VCC 电压源（VCC Voltage Source）。直流电压源，常用于为数字元件提供电能或逻辑高电平。在使用时应注意：同一个电路只能有一个 VCC；VCC 用于为数字元件提供能源时，可示意性地放置于电路中，不必与任何器件相连。

4）VDD 电压源（VDD Voltage Source）。与 VCC 基本相同。当为 CMOS 器件提供直流电源进行“Real”仿真时，只能用 VDD。

5）VSS 电压源。为 CMOS 器件提供直流电源。

6）VEE 电压源。与数字接地端基本相同。

（2）信号电压源（Signal Voltage Sources）　时钟电压源（Clock Voltage Sources）实质上是一个幅度、频率及占空比均可调节的方波发生器，常作为数字电路的时钟触发信号，其参数值可在属性对话框中加以设置，如图 1-42 所示。

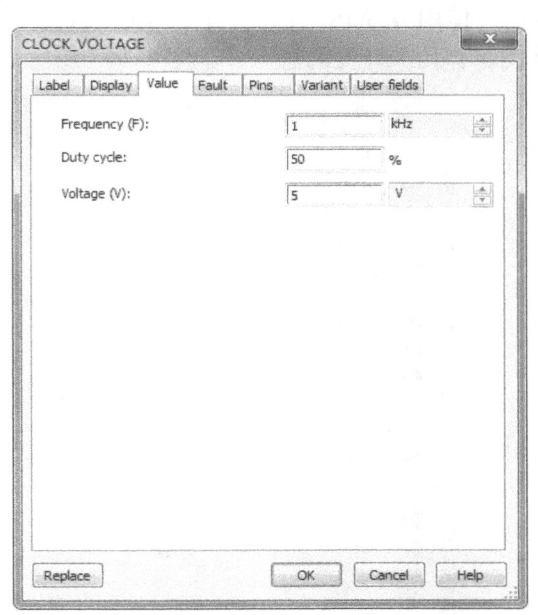

图 1-42　时钟电压源属性

（3）信号电流源（Signal Current Sources）

1）直流电流源（DC Current Sources）。这是一个理想的直流电流源，与实际电源不同之处在于，使用时允许开路但电流值将下降为 0A。电流由该电源产生，其变化范围为 mA 到 kA 之间。

2）时钟电流源（Clock Current）。除输出电流外，其他与时钟电压源相同。

2. 基本元器件库

（1）开关（Switch）

1）电流控制开关（Current_controlled_SPST）。用流过开关线圈的电流大小来控制开关动作。当电流大于输入电流（On-state current，I_{ON}）时，开关闭合；当电流小于输出电流（Off-state current，I_{OFF}）时，开关断开。打开其属性对话框，可对这两个电流进行设置。注意 I_{ON} 应小于 I_{OFF}，否则开关不能闭合；I_{OFF} 最好也不为 0，否则开关一经闭合后不易断开，如图 1-43 所示。

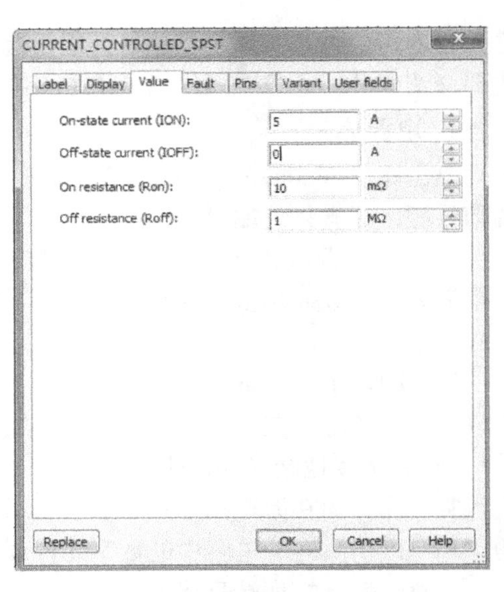

图 1-43　电流控制开关属性

2）单刀双掷开关（SPDT）。通过计算机键盘可以控制其通断状态。使用时，首先用鼠标从库中将该元件拖动至电子工作台，在其属性对话框中的 Key 栏内键入一个字母（A～Z 均可）作为该元件的代号。默认值设置为 Space（空格键）。当改变开关的通断状态时，按该元件的代号字母键即可。

3）单刀单掷开关（SPST）。设置方法与 SPDT 相同。

4）封装的单掷开关（DISPW）。单刀单掷开关的封装使用，在使用时应注意 DISPW 有很多，电路符号是一样的，后面的数字表示该封装中开关的个数。

5）开关包（DSWPK）。有时在画数字电路时会用到很多开关，一个一个画会比较麻烦，这时会使用 DSWPK 开关。开关打开为 1，并保留未使用的开关在关闭位置。DSWPK 后面的数字代表有几个开关的意思，如图 1-44 所示。

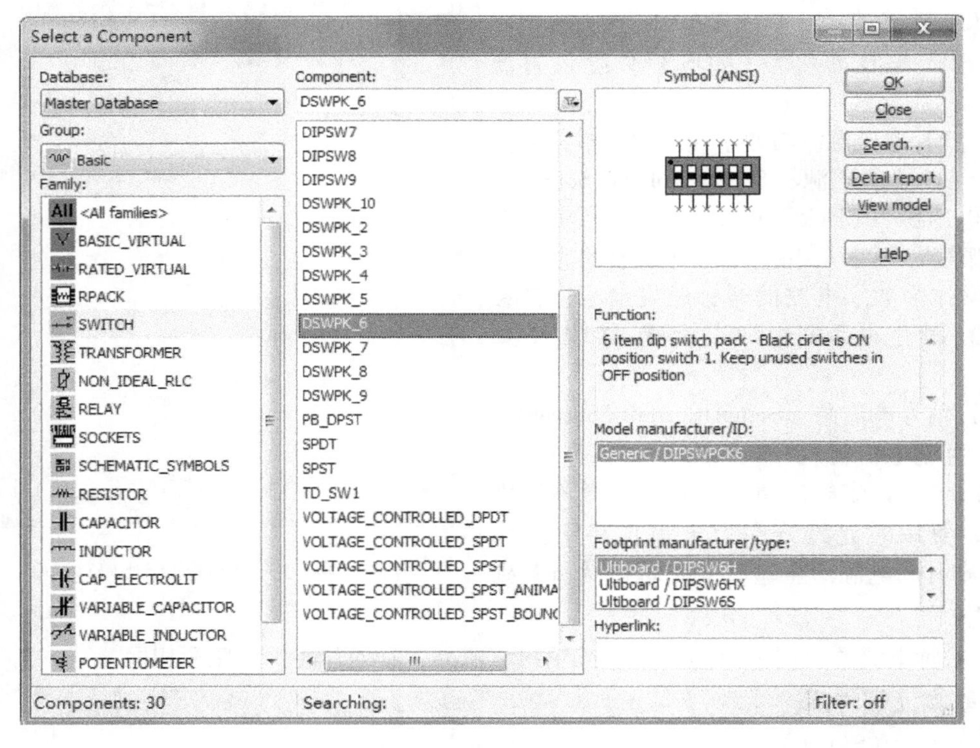

图 1-44　DSWPK 开关示意图

（2）普通电阻（Resistor）　电阻器是电路中经常用到的元件，它们的值可以自己调节，如图 1-45 所示。

（3）上拉电阻（RPACK）　该元件用于提升所连接电路的电压。它的一端连接到 VCC（-5V），另一端连接到需要提升电压的逻辑电路，该电路的电压值接近于 VCC。

（4）封装电阻（Resistor Packs）　电阻封装是多个电阻器并联封装在一个壳内。它的配置是可变的，主要取决于该封装的用途。电阻封装用于最小化 PCB 设计中的占用空间。在一些应用中，噪声也是电阻封装的考虑因素之一。

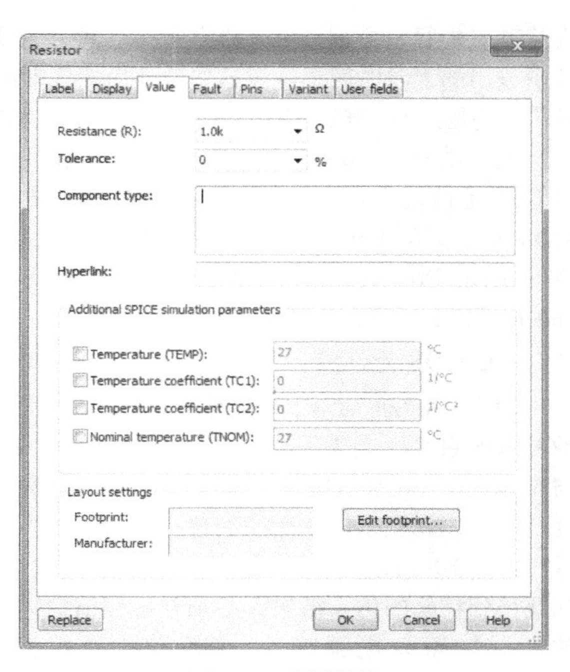

图 1-45　电阻属性

3. TTL 元件库

TTL 元件库含有 74 系列的 TTL 数字集成逻辑器件，使用时要注意以下几点：

1）74STD 是标准型，74LS 是低功耗肖特基型，应根据具体要求选择。

2）有些器件是复合型结构，如 7400N。在同一个封装里存在 4 个相互独立的二端与非门：A、B、C 和 D，使用时会出现选择框。这 4 个二端与非门功能完全一样，可任意选取一个，如图 1-46 所示。

3）同一个器件如有多种封装形式，如 74LS1380 和 74LS138N，则当仅用于仿真分析时，可任意选取；当要把仿真结果传送给 Ultiboard 等软件进行印制板设计时，一定要区分选用。

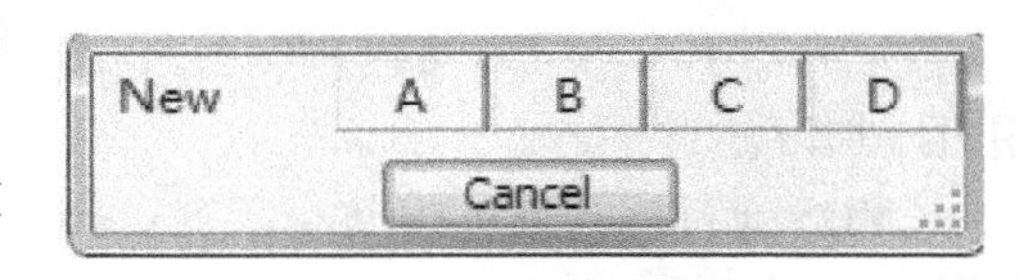

图 1-46　7400N 选择对话框

4）含有 TTL 数字器件的电路进行 Real 仿真时，电路窗口中要有数字电源符号和相应的数字接地端，通常 VCC=5V。

5）这些器件的逻辑关系可以参阅相关手册，也可以打开 Multisim12 的 Help 文件得到帮助。

6）器件的某些电气参数，如上升延迟时间（Rise-Relay）和下降延迟时间（Fall-Relay）等，可以通过单击属性对话框中的 Edit Model 按钮，从对话框中读取。

TTL 元件库有以下两个系列。

1）74STD 系列是普通型集成电路，列表中显示 7400N～7493N。

74 系列元件使用普通的+5V 电源，在 4.75～5.25V 范围内，都可以稳定地工作。74 系列的任何输入端数字信号，高电平不能超过+5.5V，低电平不能低于-0.5V；正常工作的环境温度范围为 0～70℃；允许最差情况下的直流噪声极限是 400mV。一个标准的 TTL 输出通常能驱动 10 个 TTL 的输入端。

2）74LS 系列是低功耗肖特基型集成电路，列表中显示 74LS00N～74LS93N。

为了不让晶体管饱和过深并减少存储时延，可在每个晶体管的基极和集电极之间连接一个肖特基二极管，再利用一个小电阻提高开关速度，同时减小电路的平均功耗，且利用达林顿管减少输出的上升时间。经过这些改进后，就形成了74S系列。如果把74S系列中添加的小电阻换成大电阻，便构成了74LS系列。这个大电阻能够减少电路功耗，但同时增加了开关时间。

元件功耗（Power Dissipation）的大小可以双击元件图标，在出现的对话框中选择Value页下方的Edit Component in DB按钮，从Component Properties对话框的Electronic Parameters页中读取，如图1-47所示。

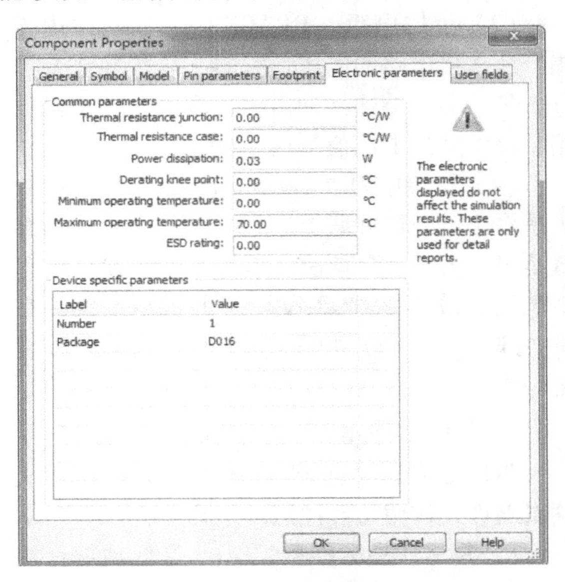

图1-47 元件功耗的读取

4. CMOS元件库

CMOS元件库含有74系列和4×××系列等的CMOS数字集成逻辑器件。CMOS系列元件与其他MOS系列相比较，具有速度快、功耗低的特点，使用时应注意如下几点。

1）当电路窗口中出现CMOS数字IC时，如要得到精确的仿真结果，必须在电路窗口内放置一个VDD电源符号，其数值大小根据CMOS要求来确定。同时还要放置一个数字接地符号，这样电路中的CMOS数字IC才能获取电源。

2）当某种CMOS元件是复合封装或统一模型有多个型号时，处理方式与TTL电路相同。

3）这些器件的逻辑关系可查阅有关手册，也可查看Multisim12的帮助文件。

4）5V、10V和15V的4×××系列CMOS逻辑器件箱的图标容易被误认为是5V的图标，使用时应加以注意。

CMOS元件库包含如下几个系列：4×××系列/5V系列的CMOS逻辑器件；4×××系列/10V系列的CMOS逻辑器件；4×××系列/15V系列的CMOS逻辑器件；V74HC/2V系列的低电压高速CMOS逻辑器件；V74HC/4V系列的低电压高速CMOS逻辑器件；V74HC/6V系列的低电压高速CMOS逻辑器件。另外，还包含一些简单功能的数字CMOS芯片，通常用于完成只需要单个简单门的设计中，它们是Tiny Logic/2V系列、Tiny Logic/4V系列、Tiny Logic/5V系列和Tiny Logic/6V系列。

5. 指示器部件库

指示器部件库（Indicators）中包含8种可用来显示电路仿真结果的显示器件，Multisim称为交互式元件（Interactive Component）。对于交互式元件，Multisim不允许在用户型模型上进行修改，只能在其属性对话框中对某些参数进行设置。这里只介绍和数字电路相关的4种。

（1）探针（Probe） 相当于一个LED（发光二极管），仅有一个端子，可将其连接到电路中某个点。当该点电平达到高电平（即“1”，其门限值可在属性对话框中设置）时便发光指示，可用来显示数字电路中某点电平的状态。

（2）灯泡（Lamp） 其工作电压及功率不可设置。额定电压（即显示在灯泡旁边的电压参数）对交流而言是指其最大值。当加在灯泡上的电压大于（不能等于）额定电压的50%至额定电压时，灯泡一边亮；当大于额定电压至150%额定电压值时，灯泡两边亮；而当外加电压超过额定电压150%时，灯泡被烧毁，灯泡烧毁后不能恢复，只有选取新的灯泡。对直流而言，灯泡恒定发光；对交流而言，灯泡闪烁发光。

（3）虚拟灯泡（LAMP_VIRTUAL） 该部件相当于一个电阻元件，其工作电压及功率可由用户在属性对话框中设置，如图1-48所示。虚拟灯泡烧坏后，若供电电压正常，它会自动恢复。其余与灯泡相同。

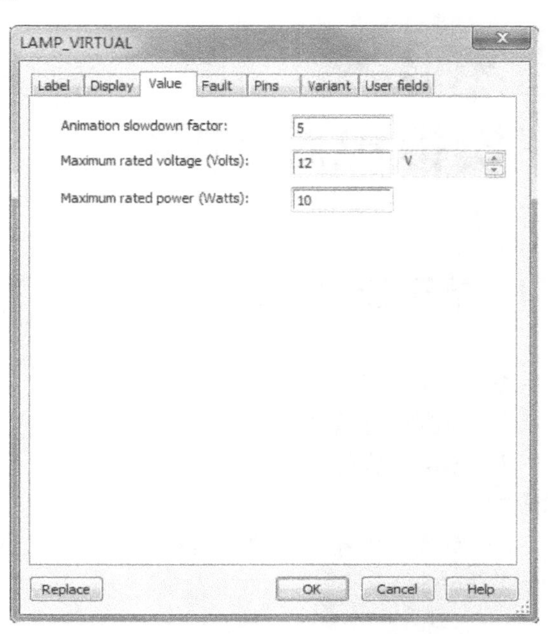

图1-48 虚拟灯泡属性

（4）十六进制显示器（HEX Displays） 带译码的七段数码显示器（DCD-HEX）：有4条引脚线，从左到右分别对应4位二进制数的最高位到最低位，可显示0~F之间的16个字符，如图1-49所示。

不带译码的七段数码显示器（Seven-SEG-COM-A）：共阳数码管，显示器的每一段和引脚之间有一一对应的关系。在某一引脚上加上高电平，其对应的数码段就发光显示。如要用七段数码显示器现实十进制数，需要有一个译码电路。注意：译码电路在TTL元件库。七段数码显示器如图1-50所示。

不带译码的七段数码显示器（Seven-SEG-COM-K）：共阴数码管，引脚呈高电平，对应的段亮。使用时与共阳数码管一样。封装图同图1-50。

在Multisim12元件库中还有很多元件，由于篇幅有限，这里只挑数字电子技术中经常使用的元件进行介绍。

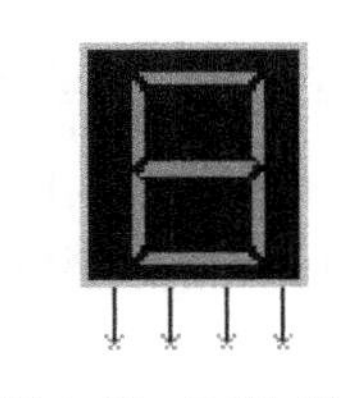

图1-49 DCD-HEX

图1-50 七段数码显示器

第 2 章 模拟电路实验

2

2.1 单管低频电压放大器

1. 实验目的

1）掌握晶体管的放大原理。

2）学会放大器静态工作点的调试方法，理解电路元器件参数对静态工作点和放大器性能的影响。

3）掌握放大器电压放大倍数及最大不失真输出电压的测试方法。

2. 实验设备

1）示波器。

2）数电模电综合实验箱。

3）信号发生器。

4）万用表。

5）直流电源。

3. 实验原理

（1）设置静态工作点 Q　基本放大器电路如图 2-1 所示。

图 2-1 中，$C_1=C_2=50\mu F$，$R_b=100k\Omega$ ，$R_w=1M\Omega$ ，$R_c=2k\Omega$，$R_L=10k\Omega$。

图 2-1 为固定偏置的单管交流放大电路，调节 R_w 可改变晶体管 VT 的基极静态电流，以设置静态工作点。VT 的集电极电阻 R_c 影响 VT 的静态集电极电压 U_{ce}和交流放大倍数。当静态工作点选择不合适时，将引起交流输出信号失真。

（2）放大倍数的测量　测量原理如图 2-2 所示。

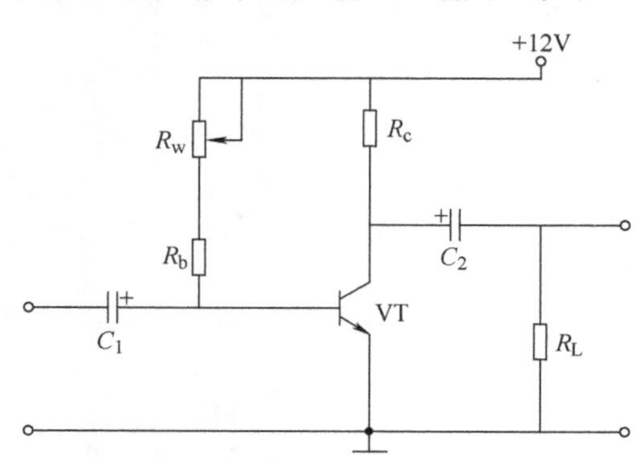

图 2-1　基本放大器电路

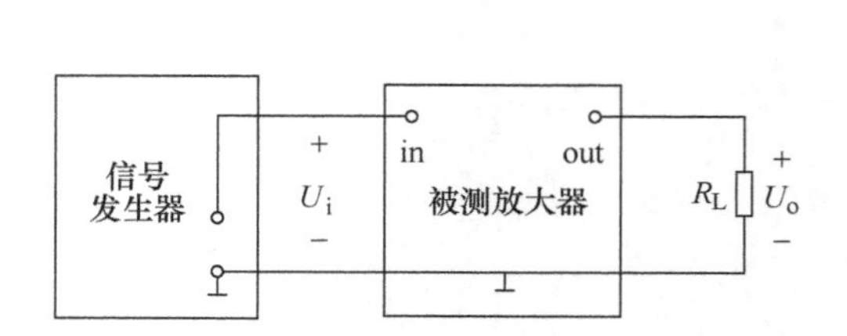

图 2-2　放大倍数测量原理

在放大器输入端加入信号 u_i（激励），放大器输出端产生 u_o（响应），则放大倍数 $A_{vo}=u_o/u_i$。

（3）输出电阻的测量　测量原理如图 2-3 所示。

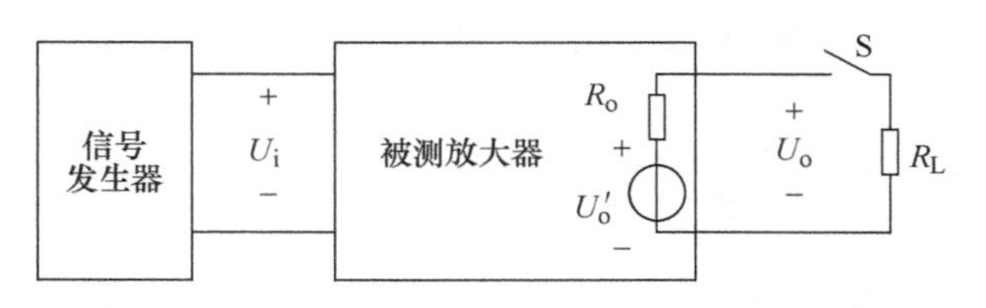

图 2-3　输出电阻测量原理

负载开路时，测量输出电压 u_o，记为 u_{o1}。

保持输入信号 u_i、Q 及电路参数不变，仅仅接入负载 R_L，再次测量输出电压 u_o，记为 u_{o2}，则输出电阻 $R_o=(u_{o1}/u_{o2}-1)R_L$。

4. 实验内容和步骤

1）调整 R_w，使 R_b 两端的电压（直流电压）依次为表 2-1 中 U_{b1} 的值

① 根据公式 $I_b=U_R/R_b$，计算 I_b。

② 用万用表测量 U_{ce}（晶体管 c、e 两端直流电压）。

③ 根据 $I_c=(E_c-U_{ce})/R_c$，计算 I_c。

记录数据见表 2-1。

表 2-1　实验数据

U_{b1}/V	6	7	8	9	10	11
U_b/V						
U_{ce}/V						
I_b/μA						
I_c/mA						

2）计算电路的最大放大倍数 A_{vo}=____________。

3）输入信号 u_i 的幅值取 50mV（有效值），频率 f 为 1kHz。用示波器观察 u_o 失真，将波形及数据记录在表 2-2 中。

表 2-2　图形及数据

u_o 波形	失真波形	管子工作状态
u_o O t		
u_o O t		

4）设置负载 $R_L=10\text{k}\Omega$，测量输出电阻 $R_o=(u_{o1}/u_{o2}-1)R_L$=____________。

5. 实验电路仿真

上述实验内容的 Multisim 12 的仿真图如图 2-4～图 2-6 所示，可参考调用。

（1）静态电路仿真图　如图 2-4 所示。

（2）测量放大倍数仿真图　如图 2-5 所示。

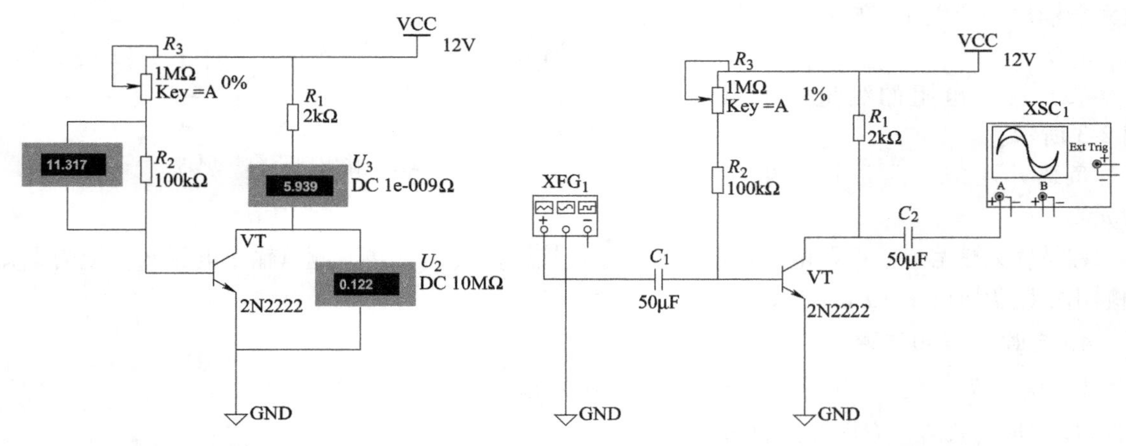

图 2-4　静态电路仿真图

图 2-5　测量放大倍数仿真图

（3）测量输出电阻仿真图　如图 2-6 所示。

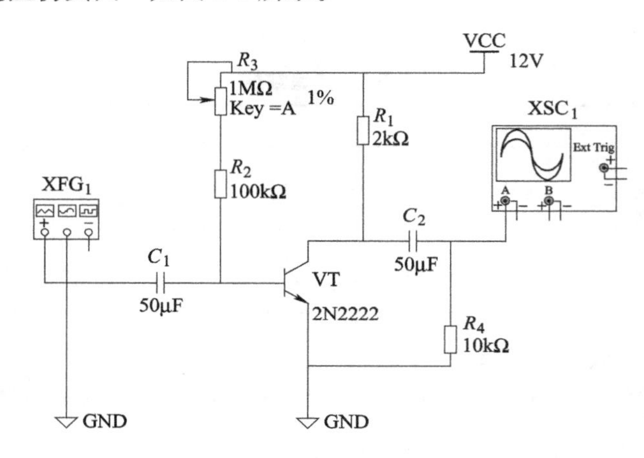

图 2-6　测量输出电阻仿真图

6. 实验总结

1）整理测量数据，计算理论值，同实际测量值作比较，找出误差产生原因。

2）改变电路电阻值，观察电阻对电路静态工作点的影响。

2.2　晶体管共射极单管放大器

1. 实验目的

1）学会放大器静态工作点的调试方法，分析静态工作点对放大器性能的影响。

2）掌握放大器电压放大倍数、输入电阻、输出电阻及最大不失真输出电压的测试方法。

3）熟悉常用电子仪器及模拟电路实验设备的使用。

2. 实验设备和器材

1）示波器。

2）数电模电综合实验箱。

3）信号发生器。

4）万用表。

5）直流电源。

3. 实验原理

图 2-7 所示为电阻分压式工作点稳定的共射极单管放大器实验电路。它的偏置电路采用 R_{B1} 和 R_{B2} 组成的分压电路，并在发射极中接有电阻 R_E 以稳定放大器的静态工作点。当在放大器的输入端加入输入信号 u_i 后，在放大器的输出端便可得到一个与 u_i 相位相反，幅值被放大了的输出信号 u_o，从而实现了电压放大。

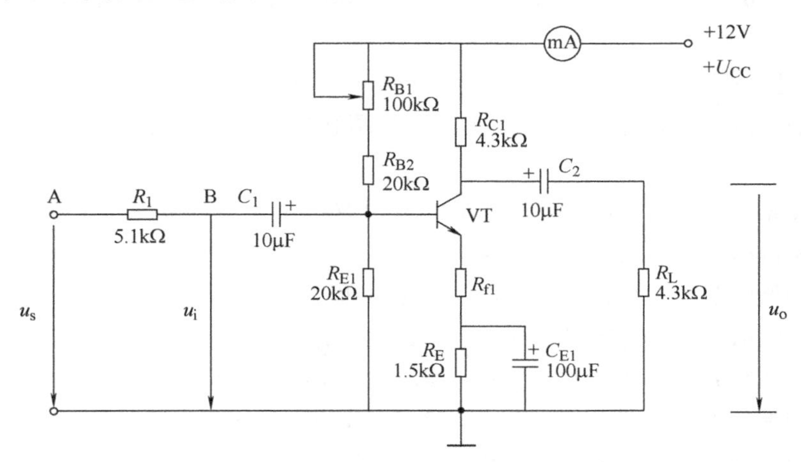

图 2-7　共射极单管放大器实验电路

在图 2-7 中，当流过偏置电阻 R_{B1} 和 R_{B2} 的电流远大于晶体管 VT 的基极电流 I_B 时（一般为 5~10 倍），则其静态工作点可进行如下估算：

$$U_B \approx \frac{R_{B1}}{R_{B1}+R_{B2}}U_{CC}$$

$$I_E = \frac{U_B - U_{BE}}{R_E} \approx I_C,\ U_{CE} = U_{CC} - I_C(R_C + R_E)$$

电压放大倍数为

$$A_u = -\beta \frac{R_C//R_L}{r_{BE}}$$

输入电阻为

$$R_i = R_{B1}//R_{B2}//r_{BE}$$

输出电阻为

$$R_o \approx R_C$$

由于电子器件性能的分散性比较大，因此在设计和制作晶体管放大电路时，离不开测量和调试技术。在设计前应测量所用元器件的参数，为电路设计提供必要的依据。在完成设计和装配以后，还必须测量和调试放大器的静态工作点和各项性能指标。一个优质的放大器，必定是理论设计与实验调整相结合的产物。因此，除了学习放大器的理论知识和设计方法外，还必须掌握必要的测量和调试技术。

放大器的测量和调试一般包括放大器静态工作点的测量与调试，消除干扰与自激振荡及放大器各项动态参数的测量与调试等。

（1）放大器静态工作点的测量与调试

1）静态工作点的测量。测量放大器的静态工作点时，应在输入信号 $u_i=0$ 的情况下进行，即将放大器输入端与地端短接，然后选用量程合适的直流毫安表和直流电压表，分别测量晶体管的集电极电流 I_C 以及各电极对地的电位 U_B、U_C 和 U_E。一般实验中，为了避免断开集电极，所以采用测量电压 U_E 或 U_C，然后计算出 I_C 的方法。例如，只要测出 U_E，即可用 $I_C \approx I_E = U_E/R_E$ 算出 I_C（也可根据 $I_C=(U_{CC}-U_C)/R_C$，由 U_C 确定 I_C，同时也能算出 $U_{BE}=U_B-U_E$，$U_{CE}=U_C-U_E$。

为了减小误差，提高测量精度，应选用内阻较高的直流电压表。

2）静态工作点的调试。放大器静态工作点的调试是指对集电极电流 I_C（或 U_{CE}）的调整与测试。

静态工作点是否合适，对放大器的性能和输出波形都有很大影响。如果静态工作点偏高，放大器在加入交流信号以后易产生饱和失真，此时 u_o 的负半周将被削底，如图 2-8a 所示；如果静态工作点偏低则易产生截止失真，即 u_o 的正半周被缩顶（一般截止失真不如饱和失真明显），如图 2-8b 所示。这些情况都不符合不失真放大的要求。所以，在选定工作点以后还必须进行动态调试，即在放大器的输入端加入一定的输入电压 u_i，检查输出电压 u_o 的大小和波形是否满足要求。如果不能满足要求，则应调节静态工作点的位置。

改变电路参数 U_{CC}、R_C 和 R_B（R_{B1}、R_{B2}）都会引起静态工作点的变化，如图 2-9 所示。但是，通常采用调节偏置电阻 R_{B2} 的方法来改变静态工作点，若减小 R_{B2}，则可使静态工作点提高。

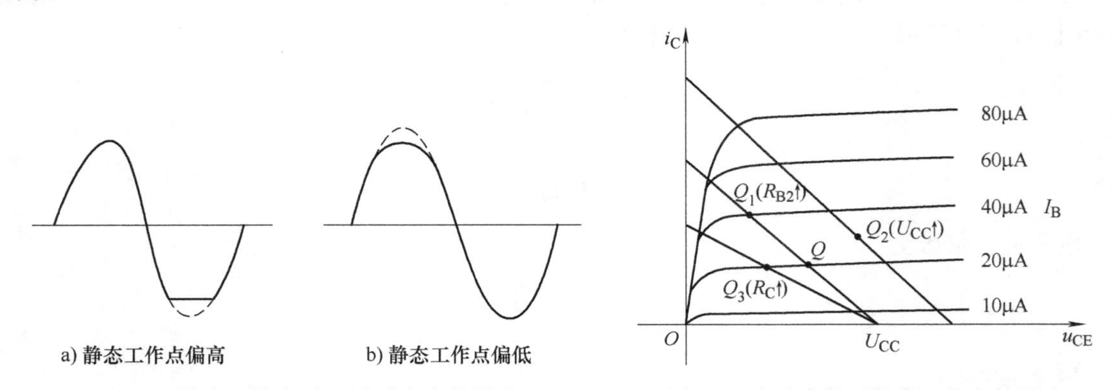

图 2-8 静态工作点对 u_o 波形失真的影响

图 2-9 电路参数对静态工作点的影响

最后还要说明的是，上面所说的工作点“偏高”或“偏低”不是绝对的，是相对信号的幅度而言的，如果输入信号幅度很小，即使工作点较高或较低也不一定会出现失真。所以确切地说，产生波形失真由信号幅度与静态工作点设置配合不当所致。如果需满足较大信号幅度的要求，静态工作点最好尽量靠近交流负载线的中点。

（2）放大器动态指标测试　放大器动态指标包括电压放大倍数、输入电阻、输出电阻、最大不失真输出电压（动态范围）和通频带等。

1）电压放大倍数 A_u 的测量。调整放大器到合适的静态工作点，然后加入输入电压 u_i，在输出电压 u_o不失真的情况下，用交流毫伏表测出 u_i和 u_o的有效值 U_i和 U_o，则电压放大倍数为

$$A_u = \frac{U_o}{U_i}$$

2）输入电阻 R_i的测量。为了测量放大器的输入电阻，按图 2-10 所示电路在被测放大器的输入端与信号源之间串入已知电阻 R，在放大器正常工作的情况下，用交流毫伏表测出 U_S和 U_i，则根据输入电阻的定义可得

$$R_i = \frac{U_i}{I_i} = \frac{U_i}{\frac{U_R}{R}} = \frac{U_i}{U_S - U_i}R$$

测量时应注意以下两点：

① 由于电阻 R 两端没有电路公共接地点，所以测量 R 两端电压 U_R时必须分别测出 U_S和 U_i，然后按 $U_R = U_S - U_i$求出 U_R。

② 电阻 R 的值不宜取得过大或过小，以免产生较大的测量误差，通常取 R 与 R_i属同一数量级为好，本实验可取 $R = 10 \sim 20\mathrm{k}\Omega$。

3）输出电阻 R_o的测量。按图 2-10 所示电路，在放大器正常工作条件下，测出输出端不接负载 R_L时的输出电压 U_o和接入负载后的输出电压 U_L，根据

$$U_L = \frac{R_L}{R_o + R_L}U_o$$

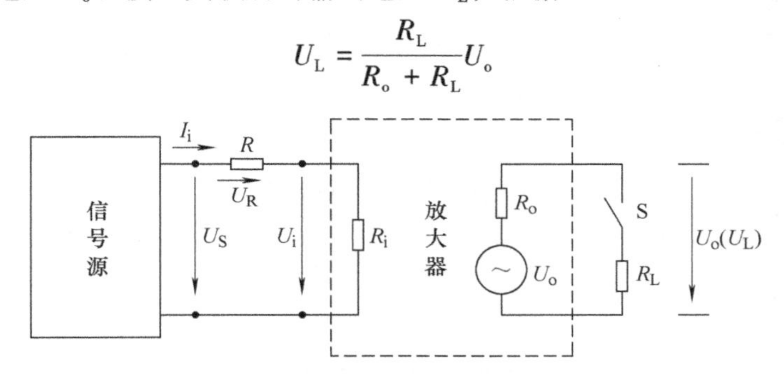

图 2-10 输入、输出电阻测量电路

即可求出

$$R_o = (U_o/U_L - 1)R_L$$

在测试中应注意，必须保持 R_L接入前后输入信号的大小不变。

4）最大不失真输出峰-峰电压 U_{OPP} 的测量（最大动态范围）。为了得到最大动态范围，应将静态工作点调整在交流负载线的中点。为此在放大器正常工作情况下，逐步增大输入信号的幅度，并同时调节 R_w（改变静态工作点），用示波器观察 U_o。当输出波形同时出现削底和缩顶现象（见图 2-11）时，说明静态工作点已调整在交流负载线的中点，然后反复调整输入信号，使波形输出幅度最大，且无明显失真时，用交流毫伏表测出 U_o（有效值），则动态范围等于 $2\sqrt{2}U_o$，或用示波器直接读出 U_{OPP}。

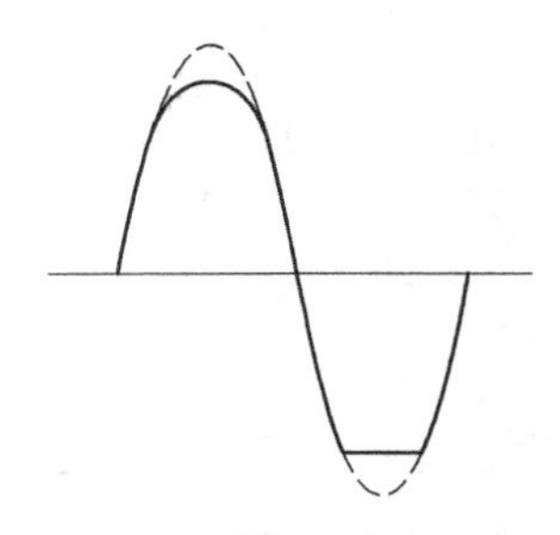

图 2-11 静态工作点正常，输入信号太大引起的失真

5）放大器幅频特性的测量。放大器的幅频特性是指放大器的电压放大倍数 A_u 与输入信号频率 f 之间的关系曲线。单管阻容耦合放大电路的幅频特性曲线如图 2-12 所示，A_{um} 为中频电压放大倍数，通常规定电压放大倍数随频率变化下降到中频放大倍数的 $1/\sqrt{2}$ 倍，即 $0.707A_{um}$ 所对应的频率分别称为下限频率 f_L 和上限频率 f_H，则通频带为

$$f_{BW}=f_H-f_L$$

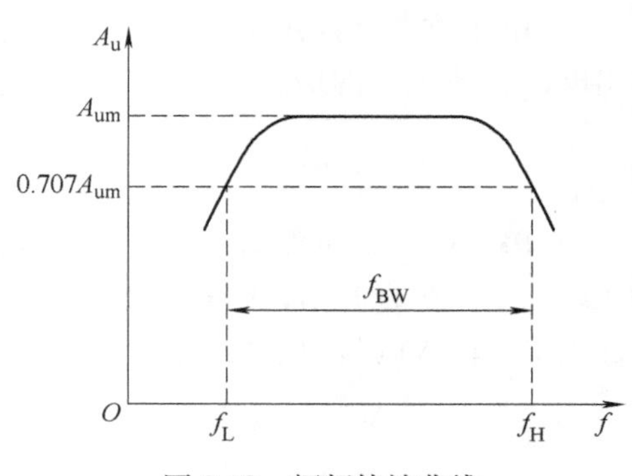

图 2-12 幅频特性曲线

放大器的幅频特性就是测量不同频率信号时的电压放大倍数 A_u。为此，可采用前述测量 A_u 的方法，即每改变一个信号频率，测量其相应的电压放大倍数。测量时应注意取点要恰当，在低频段与高频段应多测几点，在中频段可以少测几点。此外，在改变频率时，要保持输入信号的幅度不变，且输出波形不得失真。

4. 实验内容

实验电路如图 2-7 所示。为防止干扰，各仪器的公共端必须连接在一起，同时信号源、交流毫伏表和示波器的引线应采用专用电缆线或屏蔽线，如果使用屏蔽线，则屏蔽线的外包金属网应接在公共接地端上。

（1）调试静态工作点　接通直流电源前，先将 R_w 调至最大，函数信号发生器输出旋钮旋至零。接通±12V 电源，调节 R_w，使 $I_C=2.0\text{mA}$（即 $U_E=2.0\text{V}$），用直流电压表测量 U_B、U_E 和 U_C，用万用表测量 R_{B2} 值，并记入表 2-3 中。

表 2-3 调试静态工作点实验数据

测量值				计算值		
U_B/V	U_E/V	U_C/V	R_{B2}/kΩ	U_{BE}/V	U_{CE}/V	I_C/mA

（2）测量电压放大倍数　在放大器输入端加入频率为 1kHz 的正弦信号 u_S，调节函数信号发生器的输出旋钮使放大器输入电压 $u_i\approx10\text{mV}$，同时用示波器观察放大器输出电压 u_o 的波形，在波形不失真的条件下用交流毫伏表测量下述三种情况下的 u_o 值，并用双踪示波器观察 u_o 和 u_i 的相位关系，并记入表 2-4 中。

表 2-4 测量电压放大倍数实验数据和波形

R_C/kΩ	R_L/kΩ	u_o/V	A_u	观察记录一组 u_o 和 u_i 波形
2.4	∞			u_i O t　u_o O t
1.2	∞			
2.4	2.4			

（3）观察静态工作点对电压放大倍数的影响　置 $R_C=2.4\text{k}\Omega$，$R_L=\infty$，U_i 连续设置测试值，调节 R_w，用示波器监视输出电压波形，在 u_o 不失真的条件下，测量数组 I_C 和 U_o 值，记入表 2-5 中。

表 2-5 静态工作点对电压放大倍数的影响测试值

I_C/mA				2.0		
U_o/V						
A_V						

测量 I_C时，要先将信号源输出旋钮旋至零（即使 $U_i=0$）。

（4）观察静态工作点对输出波形失真的影响 置 $R_C=2.4\text{k}\Omega$，$R_L=2.4\text{k}\Omega$，$u_i=0\text{V}$，调节 R_w，使 $I_C=2.0\text{mA}$，测出 U_{CE}值，再逐步加大输入信号，使输出电压 u_o足够大，但不失真，然后保持输入信号不变，分别增大和减小 R_w，使波形出现失真，绘出 u_o的波形，并测出失真情况下的 I_C和 U_{CE}值，记入表 2-6 中。注意，在每次测 I_C和 U_{CE}值时，都要将信号源的输出旋钮旋至零。

表 2-6 静态工作点对输出波形的影响测试值

I_C/mA	U_{CE}/V	u_o波形	失真情况	管子工作状态
		u_o O t		
2.0		u_o O t		
		u_o O t		

（5）测量最大不失真输出电压 置 $R_C=2.4\text{k}\Omega$，$R_L=2.4\text{k}\Omega$，按照实验原理中所述方法，同时调节输入信号的幅度和电位器 R_w，用示波器和交流毫伏表测量输出峰-峰值 u_{OPP}及 u_o值，记入表 2-7 中。

表 2-7 测量最大不失真输出电压实验数据

I_C/mA	U_i/mV	u_o/V	u_{OPP}/V

（6）测量输入电阻和输出电阻 置 $R_C=2.4\text{k}\Omega$，$R_L=2.4\text{k}\Omega$，$I_C=2.0\text{mA}$。输入 $f=1\text{kHz}$ 的正弦信号电压 $u_i\approx10\text{mV}$，在输出电压 u_o不失真的情况下，用交流毫伏表测出 U_S、U_i和 U_L，记入表 2-8 中。

保持 U_S不变，断开 R_L，测量输出电压 u_o，记入表 2-8 中。

表 2-8 测量输入电阻和输出电阻实验数据

U_S/mV	U_i/mV	R_i/kΩ		U_L/V	u_o/V	R_o/kΩ	
		测量值	计算值			测量值	计算值

（7）测量幅频特性曲线 取 $I_C=2.0\text{mA}$，$R_C=2.4\text{k}\Omega$，$R_L=2.4\text{k}\Omega$。保持输入信号 u_i的幅

度不变，改变信号源频率f，逐点测出相应的输出电压u_o，并记入表2-9中。

表2-9 测量幅频特性曲线实验数据

测试值	f_L	f_o	f_H
f/kHz			
u_o/V			
$A_u=u_o/u_i$			

为了信号源频率f取值合适，可先粗测一下，找出中频范围，然后再仔细读数。

5. 实验模拟电路

共射极放大电路仿真图如图2-13所示，可参考调用。

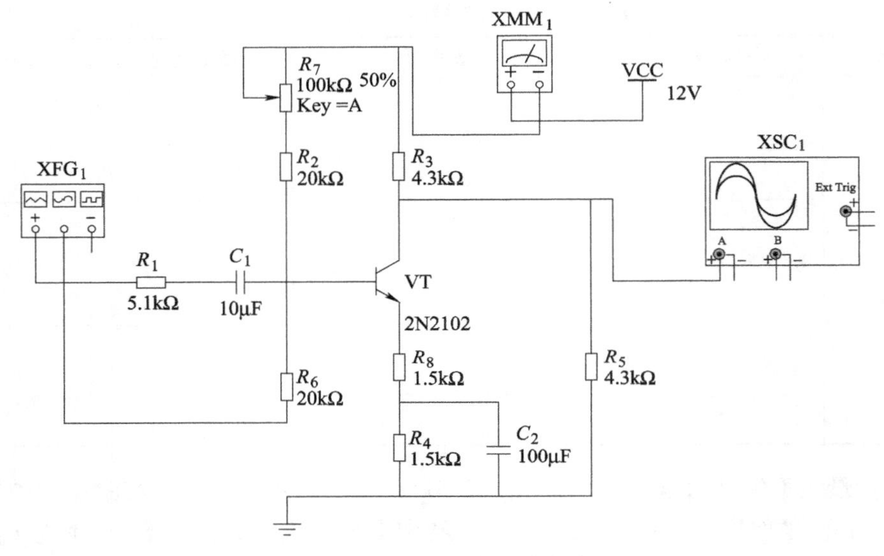

图2-13 共射极放大电路仿真图

6. 实验总结

1）列表整理测量结果，并把实测的静态工作点、电压放大倍数、输入电阻、输出电阻之值与理论计算值比较（取一组数据进行比较），分析产生误差的原因。

2）总结R_C、R_L及静态工作点对放大器电压放大倍数、输入电阻及输出电阻的影响。

3）讨论静态工作点变化对放大器输出波形的影响。

4）分析讨论在调试过程中出现的问题。

2.3 负反馈放大器

1. 实验目的

加深理解放大电路中引入负反馈的方法和负反馈对放大器各项性能指标的影响。

2. 实验设备和器材

1）示波器。

2）数电模电综合实验箱。

3）信号发生器。

4）万用表。

5）直流电源。

3. 实验原理

负反馈在电子电路中有着非常广泛的应用，虽然它使放大器的放大倍数降低，但能在多方面改善放大器的动态指标，如稳定放大倍数，改变输入、输出电阻，减小非线性失真和展宽通频带等。因此，几乎所有的实用放大器都带有负反馈。

负反馈放大器有 4 种组态，即电压串联、电压并联、电流串联和电流并联。本实验以电压串联负反馈为例，分析负反馈对放大器各项性能指标的影响。

（1）电压串联负反馈放大器的主要性能指标　图 2-14 所示为带有负反馈的两级阻容耦合放大电路，在电路中通过 R_f 把输出电压 u_o（C_3 的正极电压）引回到输入端，加在晶体管 VT_1 的发射极上，在发射极电阻 R_{F1} 上形成反馈电压 u_f。根据反馈的判断法可知，它属于电压串联负反馈。

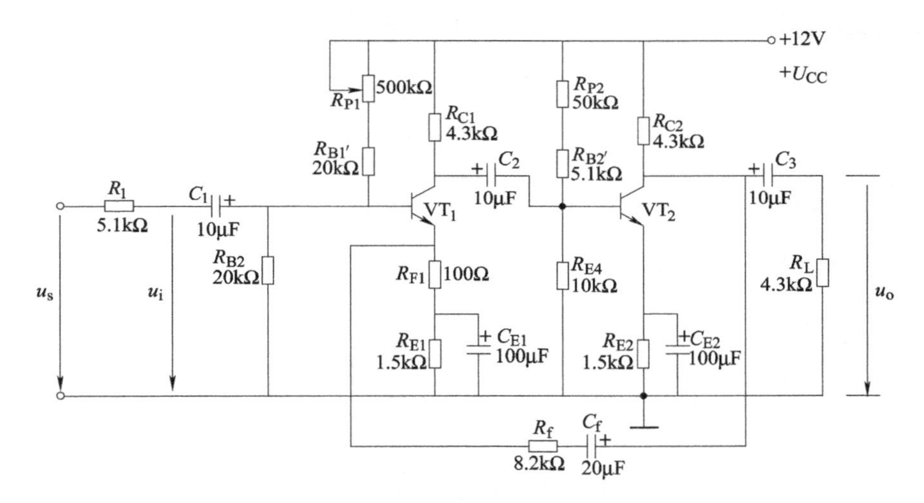

图 2-14　带有负反馈的两级阻容耦合放大电路

该负反馈放大器的主要性能指标如下：

1）闭环电压放大倍数为

$$A_{uf} = \frac{A_u}{1 + A_u F_u}$$

式中，$A_u = U_o / U_i$ 为基本放大器（无反馈）的电压放大倍数，即开环电压放大倍数。$1+A_uF_u$ 为反馈深度，它的大小决定了负反馈对放大器性能改善的程度。

2）反馈系数为

$$F_u = \frac{R_{E1}}{R_f + R_{F1}}$$

3）输入电阻为

$$R_{if} = (1 + A_u F_u) R_i$$

式中，R_i为基本放大器的输入电阻。

4）输出电阻为

$$R_{of}=\frac{R_o}{A_{uo}F_u}$$

式中　R_o——基本放大器的输出电阻；

A_{uo}——基本放大器在 $R_L=\infty$ 时的电压放大倍数。

（2）测量基本放大器的动态参数　本实验还需要测量基本放大器的动态参数。然而，如何实现无反馈而得到基本放大器呢？不能简单地断开反馈支路，而是要去掉反馈作用，但又要把反馈网络的影响（负载效应）考虑到基本放大器中去。为此：

1）在绘制基本放大器的输入回路时，因为是电压负反馈，所以可将负反馈放大器的输出端交流短路，即令 $u_o=0V$，此时 R_f相当于并联在 R_{F1}上。

2）在绘制基本放大器的输出回路时，由于输入端是串联负反馈，因此需将反馈放大器的输入端（VT_1的发射极）开路，此时（R_f+R_{F1}）相当于并接在输出端。由此可近似认为 R_f并接在输出端。

根据上述规律，就可得到所要求的如图 2-15 所示的负反馈基本放大器电路。

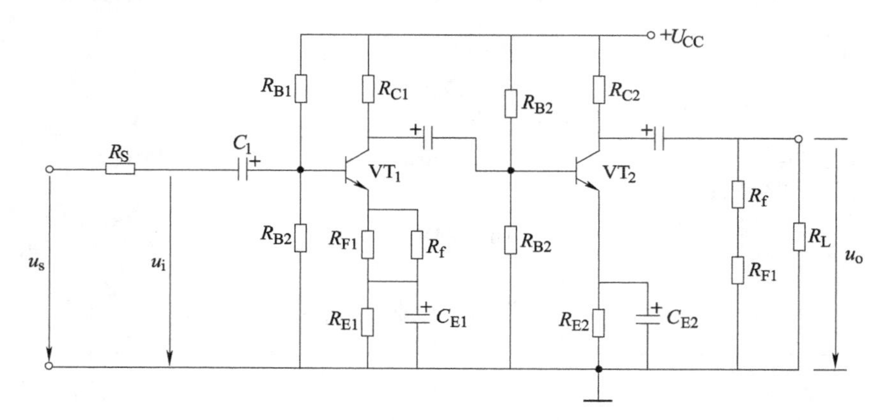

图 2-15　负反馈基本放大器电路

4. 实验内容

（1）测量静态工作点　按图 2-14 连接实验电路，取 $U_{CC}=\pm12V$，$u_i=0V$，用直流电压表分别测量第一级、第二级的静态工作点，并记入表 2-10 中。

表 2-10　测量静态工作点实验数据

级别	U_B/V	U_E/V	U_C/V	I_C/mA
第一级				
第二级				

（2）测试基本放大器的各项性能指标　将实验电路按图 2-15 改接，即把 R_f断开后分别并在 R_{F1}和 R_L上，其他连线不动。

1）测量中频电压放大倍数 A_u，输入电阻 R_i和输出电阻 R_o。

① 以 $f=1kHz$，$u_S\approx8mV$ 正弦信号输入放大器，用示波器监视输出波形 u_o，在 u_o不失真的情况下，用交流毫伏表测量 u_S、u_i、u_L，记入表 2-11 中。

表 2-11　测量中频电压放大倍数实验数据

放大器类别	u_S/mV	u_i/ mV	u_L/ mV	u_o/V	A_u	R_{if}/kΩ	R_{of}/kΩ
基本放大器							
负反馈放大器							

②保持 u_S不变，断开负载电阻 R_L（注意，R_f不要断开），测量空载时的输出电压 u_o，记入表 2-11 中。

2）测量通频带。接上 R_L，保持 u_S不变，然后增加和减小输入信号的频率，找出上、下限频率 f_H和 f_L，记入表 2-12 中。

表 2-12　测量通频带实验数据

基本放大器	f_L/kHz	f_H/kHz	Δf/kHz
负反馈放大器	f_{Lf}/kHz	f_{Hf}/kHz	Δf_f/kHz

（3）测试负反馈放大器的各项性能指标　将实验电路恢复为图 2-14 所示的负反馈放大电路。适当加大 u_S（约 10mV），在输出波形不失真的条件下，测量负反馈放大器的 A_{uf}、R_{if}和 R_{of}，记入表 2-11 中；测量 f_{Hf}和 f_{Lf}，记入表 2-12 中。

（4）观察负反馈对非线性失真的改善

1）实验电路改接成基本放大器形式，在输入端加入 f= 1kHz 的正弦信号，输出端接示波器，逐渐增大输入信号的幅度，使输出波形开始出现失真，记下此时的波形和输出电压的幅度。

2）再将实验电路改接成负反馈放大器形式，增大输入信号幅度，使输出电压幅度的大小与（1）相同，比较有负反馈时，输出波形的变化。

5. 实验电路仿真图

负反馈放大电路仿真图如图 2-16 所示，可参考调用。

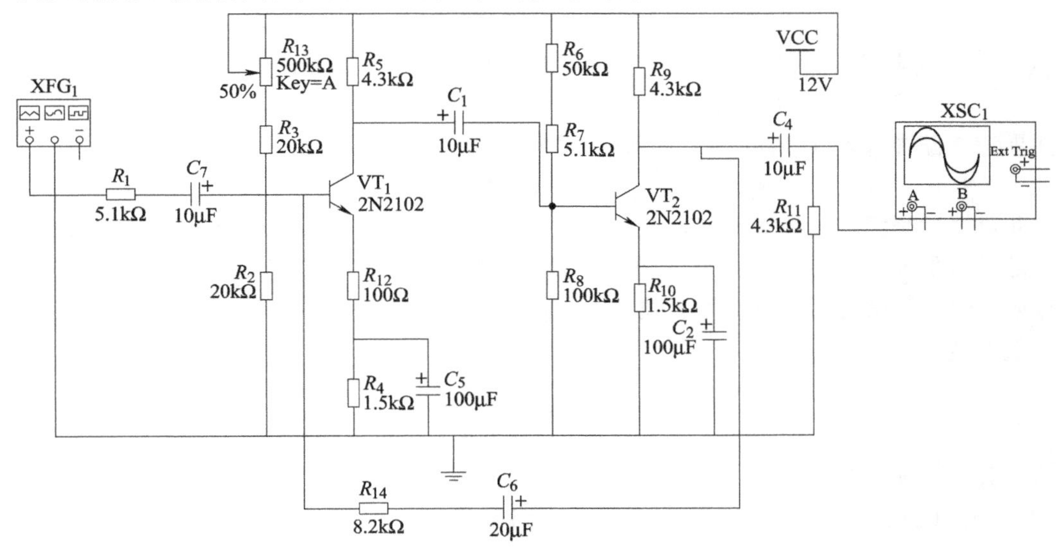

图 2-16　负反馈放大电路仿真图

6. 实验总结

1）将基本放大器和负反馈放大器动态参数的实测值和理论估算值列表进行比较。

2）根据实验结果，总结电压串联负反馈对放大器性能的影响。

3）如果输入信号存在失真，能否用负反馈加以改善？

4）怎样判断放大器是否存在自激振荡？如何进行消振？

2.4 射极跟随器

1. 实验目的

1）掌握射极跟随器的特性及测试方法。

2）进一步学习放大器各项参数的测试方法。

2. 实验设备和器材

1）示波器。

2）数电模电综合实验箱。

3）信号发生器。

4）万用表。

5）直流电源。

3. 实验原理

射极跟随器的原理如图 2-17 所示。它是一个电压串联负反馈放大电路，它具有输入电阻高，输出电阻低，电压放大倍数接近于 1，输出电压能够在较大范围内跟随输入电压作线性变化以及输入、输出信号同相等特点。

射极跟随器的输出取自发射极，故称其为射极输出器。

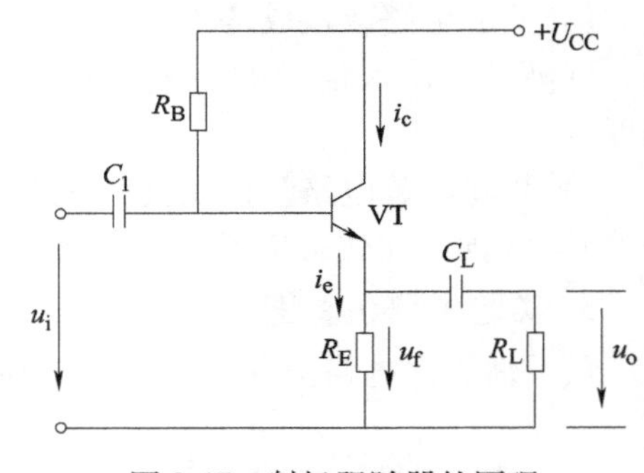

图 2-17 射极跟随器的原理

（1）输入电阻 R_i的计算 由图 2-17 所示电路可知

$$R_i = r_{BE} + (1+\beta)R_E$$

如果考虑偏置电阻 R_B和负载 R_L的影响，则

$$R_i = R_B // [r_{BE} + (1+\beta)(R_E // R_L)]$$

由此可知射极跟随器的输入电阻 R_i比共射极单管放大器的输入电阻 $R_i = R_B // r_{BE}$要高得多，但由于偏置电阻 R_B的分流作用，输入电阻难以进一步提高。式中，r_{BE}为 BE 结的交流电阻。

输入电阻的测试方法同单管放大器一样，实验电路如图 2-18 所示。因此，射极跟随器的输入电阻 R_i为

$$R_i = \frac{u_i}{i_i} = \frac{u_i}{u_s - u_i}R$$

即只要测得 A、B 两点的对地电位即可计算出 R_i。

（2）输出电阻 R_o的计算 由图 2-18 所示电路可知

$$R_o = \frac{r_{BE}}{\beta} // R_E \approx \frac{r_{BE}}{\beta}$$

若考虑信号源内阻 R_S，则

$$R_o = \frac{r_{BE} + (R_S//R_B)}{\beta}//R_E \approx \frac{r_{BE} + (R_S//R_B)}{\beta}$$

由此可知射极跟随器的输出电阻 R_o 比共射极单管放大器的输出电阻 $R_o \approx R_C$ 低得多。所以，选取晶体管的 β 值越高，则输出电阻越小。

输出电阻 R_o 的测试方法也与单管放大器一样，即先测出空载输出电压 U_o，再测接入负载 R_L 后的输出电压 U_L，根据

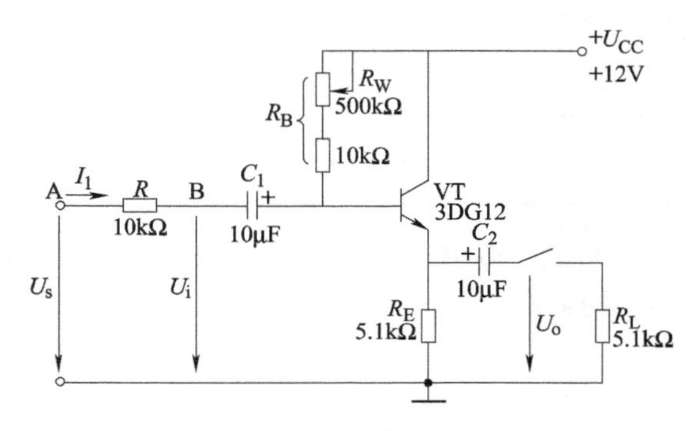

图 2-18　射极跟随器实验电路

$$U_L = \frac{R_L}{R_o + R_L}U_o$$

即可求出输出电阻 R_o 的值，即

$$R_o = (U_o/U_i - 1)R_L$$

（3）电压放大倍数 A_u 的计算　由图 2-18 所示电路可知，A_u 值为

$$A_u = \frac{(1+\beta)(R_E//R_L)}{r_{BE} + (1+\beta)(R_E//R_L)} \leqslant 1$$

这说明射极跟随器的电压放大倍数小于或等于 1，且为正值。这由深度电压负反馈所致。然而，它的射极电流仍比基极电流大（1+β）倍，所以它具有一定的电流和功率放大作用。

（4）电压跟随器峰-峰值 U_{OPP} 的计算　电压跟随范围是指射极跟随器输出电压 u_o 跟随输入电压 u_i 做线性变化的区域。当 u_i 超过一定范围时，u_o 便不能跟随 u_i 做线性变化，即 u_o 波形产生了失真。为了使输出电压 u_o 正、负半周对称，并充分利用电压跟随范围，静态工作点应选在交流负载线中点，测量时可直接用示波器读取 u_o 的峰-峰值，即电压跟随范围；或用交流毫伏表读取 u_o 的有效值，则电压跟随器的峰-峰值为

$$U_{OPP} = 2\sqrt{2}U_o$$

4. 实验内容

按图 2-18 所示组接电路，并调整静态工作点，测量 A_u、R_o、R_i，绘制跟随特性和频率特性曲线。

（1）静态工作点的调整　接通±12V 直流电源，在 B 点加入 f= 1kHz 正弦信号 u_i，输出端用示波器监视输出波形，反复调整 R_w 及信号源的输出幅度，使在示波器的屏幕上得到一个最大不失真的输出波形，然后置 u_i = 0V，用直流电压表测量晶体管各电极对地电位，将测得数据记入表 2-13 中。

表 2-13　静态工作点的调整数据

U_E/V	U_B/V	U_C/V	I_E/mA

在下面整个测试过程中应保持 R_w 值不变（即保持静工作点 I_E 不变）。

（2）测量电压放大倍数 A_u　接入负载 R_L = 1kΩ，在 B 点加 f= 1kHz 正弦信号 u_i，调节输入信号幅度，用示波器观察输出波形 u_o，在输出最大不失真波形的情况下，用交流毫伏表测 u_i、

U_L值，并记入表 2-14 中。

表 2-14 测量电压放大倍数 A_u 实验数据

u_i/V	U_L/V	A_u

（3）测量输出电阻 R_o 接上负载电阻（$R_L=1k\Omega$），在 B 点加 $f=1kHz$ 正弦信号 u_i，用示波器监视输出波形，测空载输出电压 u_o及有负载时输出电压 U_L，并记入表 2-15 中。

表 2-15 测量输出电阻 R_o 实验数据

u_o/V	u_i/V	R_o/kΩ

（4）测量输入电阻 R_i 在 A 点加 $f=1kHz$ 的正弦信号 u_S，用示波器监视输出波形，用交流毫伏表分别测出 A、B 点对地的电位 u_S、u_i，并记入表 2-16 中。

表 2-16 测量输入电阻 R_i 实验数据

u_S/V	u_i/V	R_i/kΩ

（5）测试跟随特性 接入负载 $R_L=1k\Omega$，在 B 点加入 $f=1kHz$ 正弦信号 u_i，逐渐增大信号 u_i的幅值，用示波器监视输出波形直至输出波形达最大且不失真，测量对应的 u_L值，并记入表 2-17 中。

表 2-17 测试跟随特性实验数据

u_i/V							
u_L/V							

（6）测试频率响应特性 保持输入信号 u_i幅值不变，改变信号源频率，用示波器监视输出波形，用交流毫伏表测量不同频率下的输出电压 u_L值，记入表 2-18 中。

表 2-18 测试频率特性实验数据

f/kHz							
u_L/V							

5. 实验电路仿真图

射极跟随器电路仿真图如图 2-19 所示，可参考调用。

6. 实验总结

1）整理实验数据，将测量数据 A_u、R_o、R_i 与理论计算值进行比较，并分析误差原因。

2）分析射极跟随器的性能和特点。

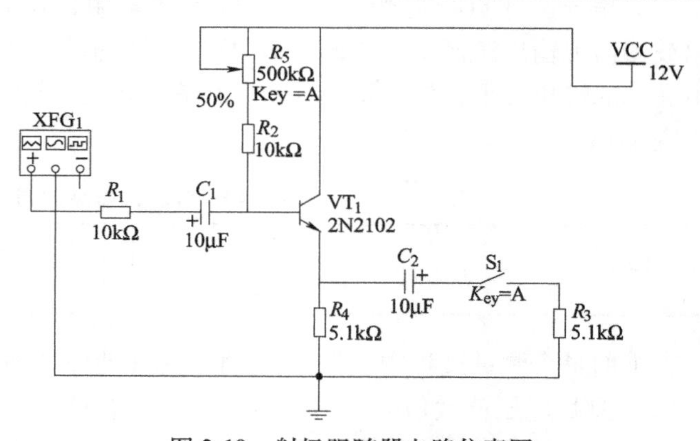

图 2-19 射极跟随器电路仿真图

2.5　差动放大器

1. 实验目的

1）加深对差动放大器性能及特点的理解。

2）学习差动放大器主要性能指标的测试方法。

2. 实验设备和器材

1）示波器。

2）数电模电综合实验箱。

3）信号发生器。

4）万用表。

5）直流电源。

3. 实验原理

图2-20是差动放大器实验电路。它由两个参数相同的基本共射极放大电路组成。当开关S拨向左边时，构成典型的差动放大器。调零电位器 *RP* 用来调节 VT_1、VT_2 的静态工作点，使输入信号 $u_i=0V$ 时，双端输出电压 $u_o=0V$。R_E 为两管共用的发射极电阻，它对差模信号无负反馈作用，因而不影响差模电压放大倍数，但对共模信号有较强的负反馈作用，故可以有效地抑制零漂，达到稳定静态工作点的目的。

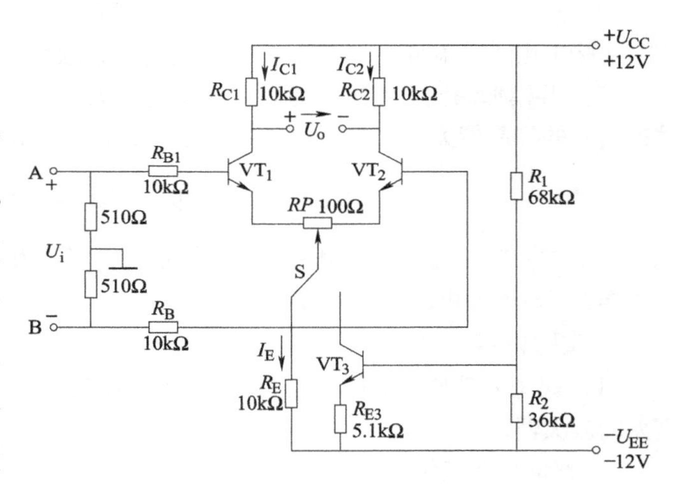

图2-20　差动放大器实验电路

当开关S拨向右边时，构成具有恒流源的差动放大器。它用晶体管恒流源代替发射极电阻 R_E，可以进一步提高差动放大器抑制共模信号的能力。

（1）静态工作点的估算

1）典型电路中：

$$I_E \approx \frac{|U_{EE}|-U_{BE}}{R_E}（认为 U_{B1}=U_{B2}\approx 0），I_{C1}=I_{C2}=\frac{1}{2}I_E$$

2）恒流源电路中：

$$I_{C3}\approx I_{E3}\approx \frac{\frac{R_2}{R_1+R_2}(U_{CC}+|U_{EE}|)-U_{BE}}{R_{E3}}，I_{C1}=I_{C2}=\frac{1}{2}I_{C3}$$

（2）差模电压放大倍数和共模电压放大倍数　当差动放大器的射极电阻 R_E 足够大，或采用恒流源电路时，差模电压放大倍数 A_d 由输出端方式决定，而与输入方式无关。

双端输出且 $R_E=\infty$，*RP* 在中心位置时，有

$$A_d = \frac{\Delta U_o}{\Delta U_i} = -\frac{\beta R_C}{R_B + r_{BE} + \frac{1}{2}(1+\beta)RP}$$

单端输出时，有

$$A_{d1} = \frac{\Delta U_{C1}}{\Delta U_i} = \frac{1}{2}A_d,\quad A_{d2} = \frac{\Delta U_{C2}}{\Delta U_i} = -\frac{1}{2}A_d$$

当输入共模信号时，若为单端输出，则有

$$A_{C1} = A_{C2} = \frac{\Delta U_{C1}}{\Delta U_i} = \frac{-\beta R_C}{R_B + r_{BE} + (1+\beta)\left(\frac{1}{2}RP + 2R_E\right)} \approx -\frac{R_C}{2R_E}$$

若为双端输出，在理想情况下，有

$$A_C = \frac{\Delta U_o}{\Delta U_i} = 0$$

实际上由于元器件不可能完全对称，因此 A_C 也不会绝对等于零。

（3）共模抑制比 CMRR　为了表征差动放大器对有用信号（差模信号）的放大作用和对共模信号的抑制能力，通常用一个综合指标来衡量，用共模抑制比表示，即

$$\text{CMRR} = \left|\frac{A_d}{A_C}\right| \text{ 或 } \text{CMRR} = 20\lg\left|\frac{A_d}{A_C}\right| \ (\text{dB})$$

差动放大器的输入信号可采用直流信号，也可采用交流信号。本实验由函数信号发生器提供频率 $f=1\text{kHz}$ 的正弦信号作为输入信号。

4. 实验内容

（1）典型差动放大器的性能测试　按图 2-20 所示连接实验电路，开关 S 拨向左边构成典型差动放大器。

1）测量静态工作点。

① 调节放大器零点。信号源不接入，并将放大器输入端 A、B 与地短接，接通±12V 直流电源，用直流电压表测量输出电压 U_o，调节调零电位器 RP，使 $U_o=0\text{V}$。调节要仔细，力求准确。

② 测量静态工作点。零点调好以后，用直流电压表测量 VT_1、VT_2 各电极电位及发射极电阻 R_E 两端的电压 U_{RE}，并记入表 2-19 中。

表 2-19　测量静态工作点实验数据

测量值	U_{C1}/V	U_{B1}/V	U_{E1}/V	U_{C2}/V	U_{B2}/V	U_{E2}/V	U_{RE}/V
计算值	I_C/mA		I_B/mA		U_{CE}/V		

2）测量差模电压放大倍数。断开直流电源，将函数信号发生器的输出端接放大器输入 A 端，地端接放大器输入 B 端，由此构成双端输入方式（注意此时信号源浮地）。调节输入信号为频率 $f=1\text{kHz}$ 的正弦信号，并将输出旋钮旋至零，用示波器监视输出端（集电极 C_1 或 C_2 与地之间）。

接通±12V 直流电源，逐渐增大输入电压 U_i（约 100mV），在输出波形无失真的情况下，用交流毫伏表测 U_i、U_{C1}和 U_{C2}，并记入表 2-19 中；观察 u_i、u_{C1}、u_{C2}之间的相位关系及 u_{RE}随 u_i改变而变化的情况。

3）测量共模电压放大倍数。将放大器 A、B 短接，信号源接 A 端与地之间构成共模输入方式。要求调节输入信号 $f=1\text{kHz}$，$u_i=1\text{V}$，在输出电压无失真的情况下，测量 u_{C1}和 u_{C2}并记入表 2-19 中，并观察 u_i、u_{C1}、u_{C2}之间的相位关系及 u_{RE}随 u_i 改变而变化的情况。

（2）具有恒流源的差动放大电路的性能测试　将图 2-20 电路中开关 S 拨向右边，构成具有恒流源的差动放大电路。重复典型差动放大器的性能测试内容 1）、2）、3）的要求，记入表 2-20 中。

表 2-20　具有恒流源的差动放大电路的性能测试实验数据

测量值	典型差动放大电路		具有恒流源差动放大电路	
	单端输入	共模输入	单端输入	共模输入
U_i	100mV	1V	100mV	1V
U_{C1}/V				
U_{C2}/V				
$A_{d1}=\dfrac{U_{C1}}{U_i}$				
$A_d=\dfrac{U_o}{U_i}$				
$A_{C1}=\dfrac{U_{C1}}{U_i}$				
$A_C=\dfrac{U_o}{U_i}$				
$\text{CMRR}=\left\|\dfrac{A_d}{A_C}\right\|$				

5. 实验仿真图

差动放大器仿真图如图 2-21 所示。

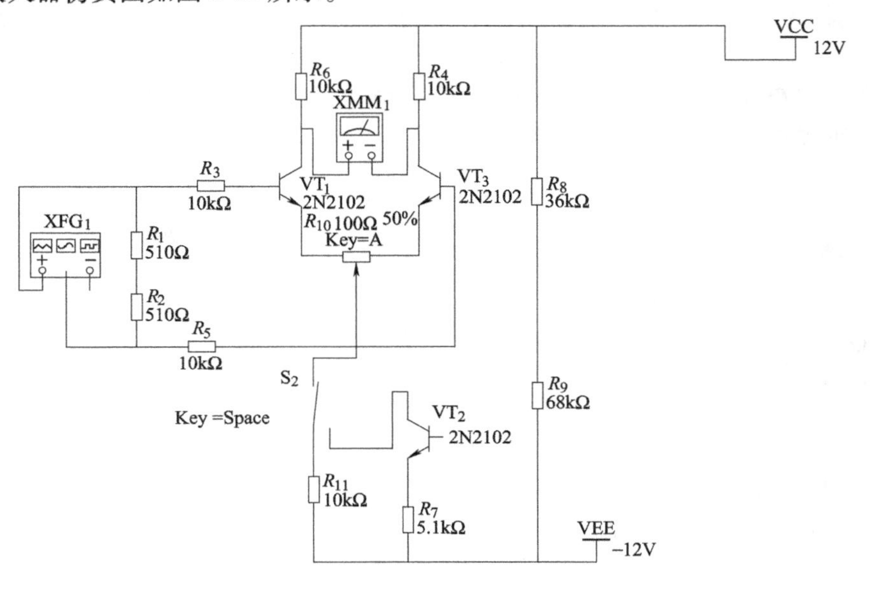

图 2-21　差动放大器仿真图

6. 实验总结

1）整理实验数据，列表比较实验结果和理论估算值，分析误差原因。

① 静态工作点和差模电压放大倍数。

② 典型差动放大电路单端输出时 CMRR 实测值与理论值的比较。

③ 典型差动放大电路单端输出时 CMRR 实测值与具有恒流源的差动放大器 CMRR 实测值比较。

2）比较 u_i、u_{C1} 和 u_{C2} 之间的相位关系。

3）根据实验结果，总结电阻 R_E 和恒流源的作用。

2.6 基本运算电路

1. 实验目的

1）初步接触集成运算放大器，了解其外形特征、引脚设置。

2）通过反相比例运算电路、加法电路、减法电路输入输出关系的测试，了解集成运放基本运算电路的功能。

2. 实验设备

1）低频信号发生器。

2）双踪示波器。

3）数电模电综合实验箱。

4）万用表。

5）集成运算放大器。

3. 实验原理

（1）理想运算放大器特性　在大多数情况下，将运算放大器视为理想运算放大器，就是将运算放大器的各项技术指标理想化。

（2）集成运算放大器 LM358　实验用集成运算放大器 LM358 引脚排列如图 2-22 所示[⊖]。

运算放大器 LM358 由两个运算放大器组成。运算放大器正常工作时，引脚 8 接+12V，引脚 4 接-12V。

（3）比例运算电路　比例运算电路如图 2-23 所示。对于理想运算放大器，该电路的输出电压与输入电压之间的关系为 $u_o = -(R_F/R_1)u_1$。

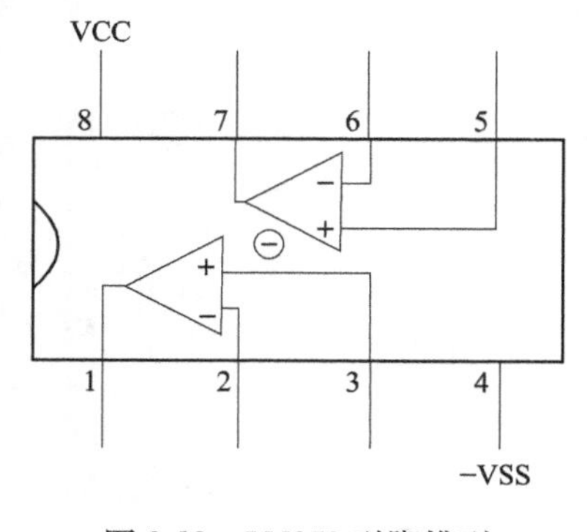

图 2-22　LM358 引脚排列

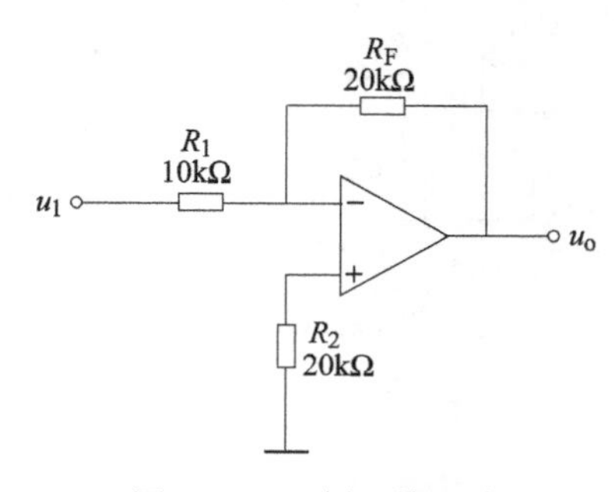

图 2-23　比例运算电路

⊖ 为与仿真软件保持一致，本书集成运算放大器符号采用 ANSI（美国标准协会）标准。——编者注

（4）加法运算电路　加法运算电路如图2-24所示。对于理想运算放大器，该电路的输出电压与输入电压之间的关系为 $u_o = -(R_F/R_1)(u_1 + u_2)$。

（5）减法运算电路　减法运算电路如图2-25所示。对于理想运放，该电路的输出电压与输入电压之间的关系为 $u_o = -(R_F/R_1)(u_1 - u_2)$。

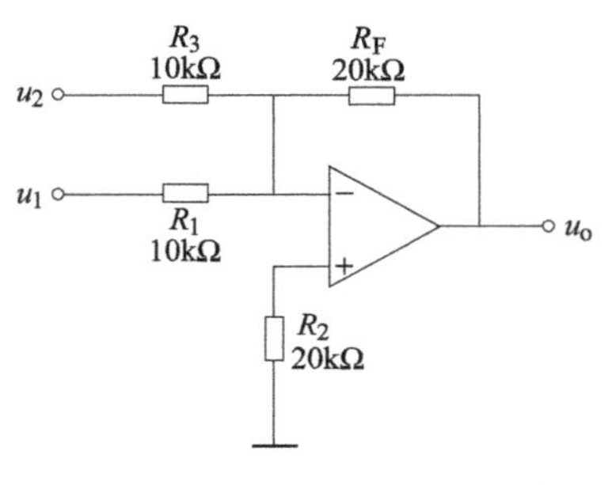

图2-24　加法运算电路

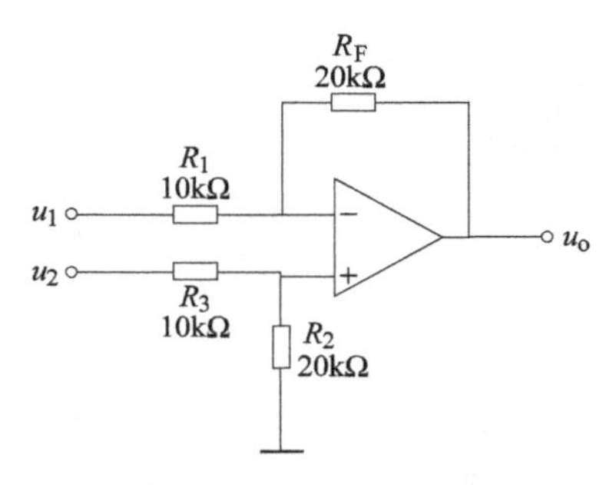

图2-25　减法运算电路

4. 实验内容

1）比例运算电路的放大倍数 $= -(R_F/R_1) =$ ________。

2）比例运算电路测量数据。输入信号 u_i 由反相端引入。在反相输入端加入1V、2V和3V的直流电压信号。用万用表DC档测量输出电压 u_o（实），填入表2-21中，与理论值 u_o（理）比较。

表2-21　比例运算电路测量数据

u_i	1V	2V	3V
u_o（理）			
u_o（实）			

3）加法运算电路测量数据。输入信号 $u_1 = 1V$，$u_2 = 2V$。

用万用表DC档测量输出电压 u_o，填入表2-22中。

表2-22　加法运算电路测量数据

u_1	u_2	u_o
1V	2V	

4）减法运算电路测量数据。输入信号 $u_1 = 1V$，$u_2 = 2V$。

用万用表DC档测量输出电压 u_o，填入表2-23中。

表2-23　减法运算电路测量数据

u_1	u_2	u_o
1V	2V	

5. 实验电路仿真图

1）比例运算电路仿真图（见图2-26）。

2）加法运算电路仿真图（见图2-27）。

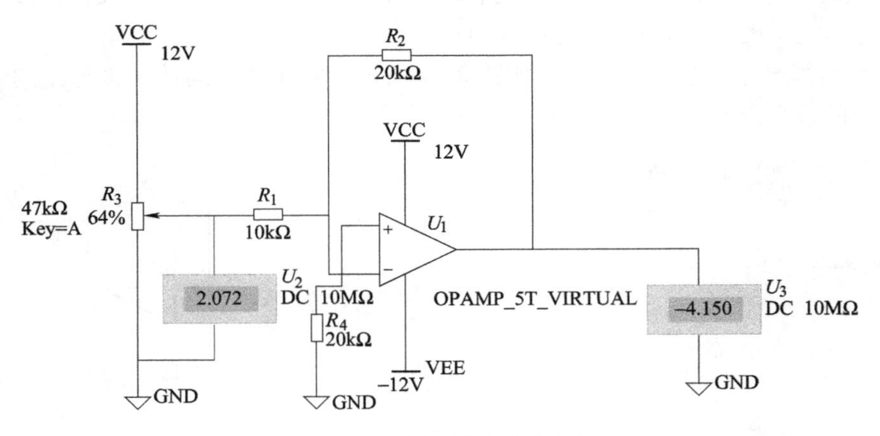

图 2-26 比例运算电路仿真图

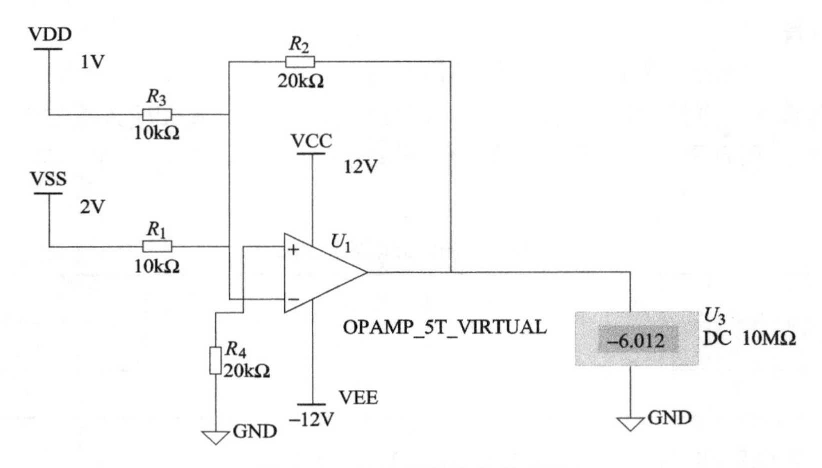

图 2-27 加法运算电路仿真图

3）减法运算电路仿真图（见图 2-28）。

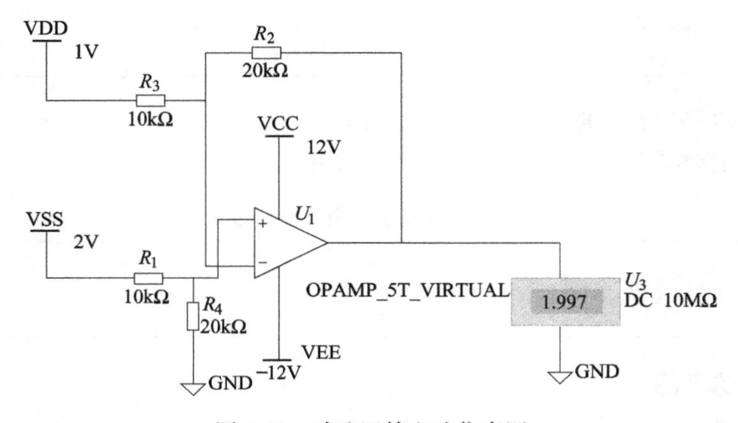

图 2-28 减法运算电路仿真图

6. 实验总结

1）整理实验数据，计算理论值，分析理论值与实际值之间产生误差的原因。

2）改变电路参数，分析电路电阻对输出结果的影响。

2.7 集成运算放大器的基本应用

1. 实验目的

1）学习熟练应用集成运算放大器。

2）设计方波发生器的组成电路及改变电路参数实现方波频率的变化。

3）设计三角波发生器的组成电路及改变电路参数实现方波频率的变化。

2. 实验设备

1）低频信号发生器。

2）双踪示波器。

3）数电模电综合实验箱。

4）万用表。

5）集成运算放大器。

3. 实验原理

实验用集成运算放大器 LM358 引脚排列如图 2-22 所示。

（1）方波发生器　按照图 2-29 搭接电路，调节 R_w 的值改变方波频率。

由集成运算放大器构成的方波发生器和三角波发生器，一般都包括比较器和 *RC* 积分器两大部分，图 2-29 所示是由滞回比较器和简单的 *RC* 积分电路组成的方波-三角波发生器电路。它的特点是线路简单，但是三角波的线性度较差，主要用于产生方波或对三角波要求不高的场合。

（2）三角波发生器　把滞回比较器和积分器首尾相连，构成正反馈闭环系统，如图 2-30 所示。比较器 A1 输出的方波经过积分器 A2 可以得到三角波，三角波又触发比较器自动翻转自动形成方波，这样就构成方波和三角波发生器。由于采用运放组成积分电路，可以实现恒流充电，使得三角波线性度大大改善。

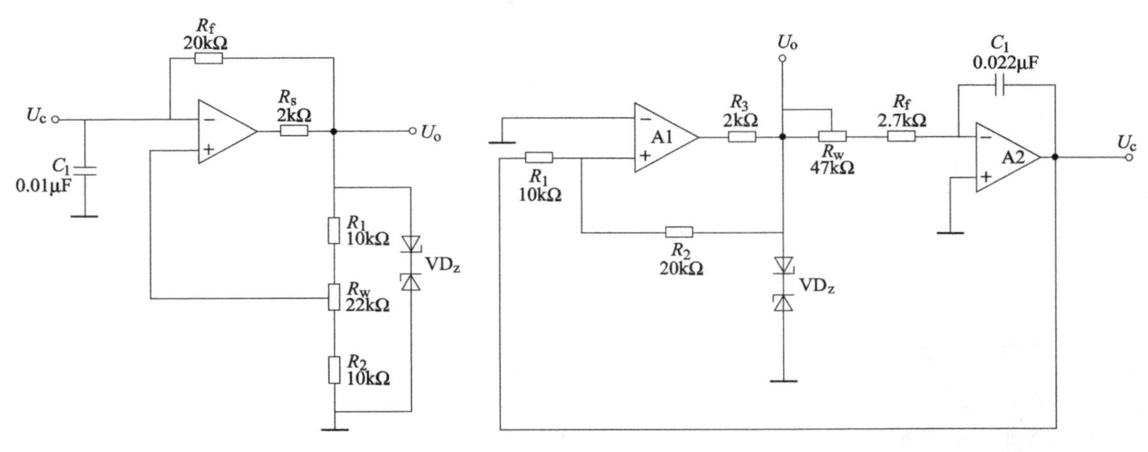

图 2-29　方波-三角波发生器电路　　　图 2-30　三角波发生器

4. 实验内容

1）将方波波形记录在图 2-31a 中。

2）将三角波波形记录在图 2-31b 中。

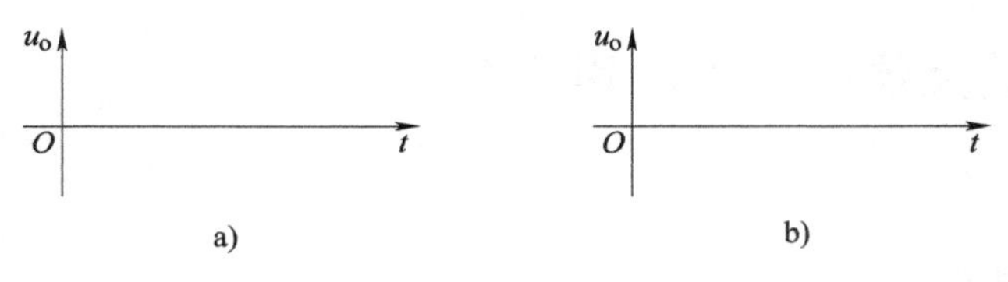

图 2-31 记录波形

3）将方波和三角波的幅度和频率记录在表 2-24 中。

表 2-24 方波和三角波的幅度和频率

波形	方波	三角波
幅度/V		
频率/Hz		

5. 实验电路仿真图

1）方波发生器仿真图如图 2-32 所示。

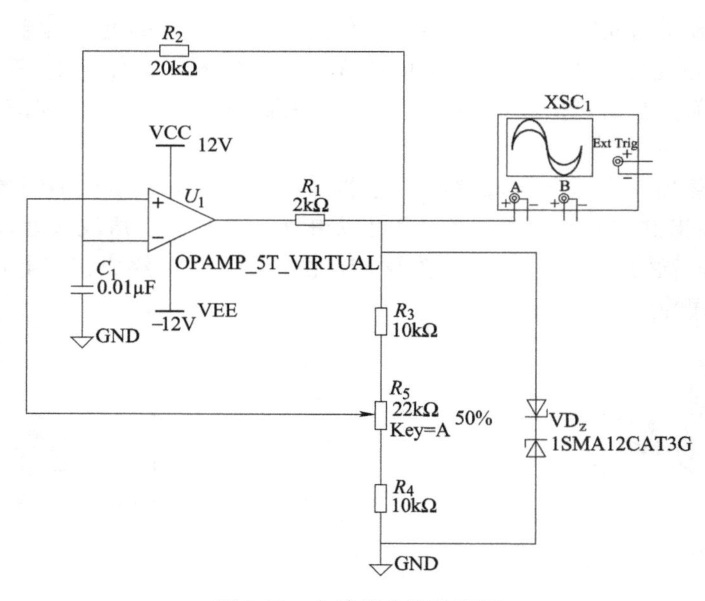

图 2-32 方波发生器仿真图

2）三角波发生器仿真图如图 2-33 所示。

6. 实验总结

1）整理实验数据，计算理论值，分析理论值与实际值之间产生误差的原因。

2）改变电路参数，分析电路电阻对输出结果的影响。

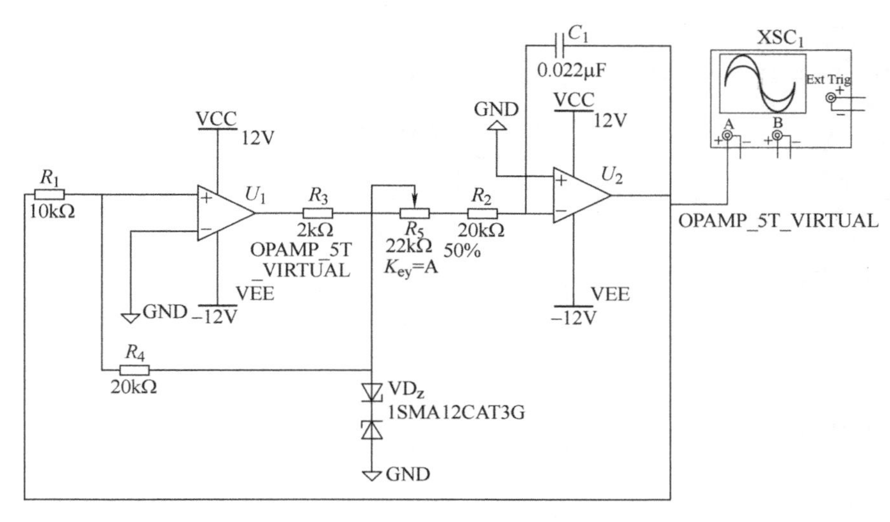

图 2-33　三角波发生器仿真图

2.8 *RC* 正弦波振荡器

1. 实验目的

1）学习 *RC* 正弦波振荡器的组成及其振荡条件。

2）进一步熟悉线性组件的基本性能。

3）掌握测量周期、频率的方法。

2. 实验设备

1）低频信号发生器。

2）双踪示波器。

3）数电模电综合实验箱。

4）万用表。

5）集成运算放大器。

3. 实验原理

1）如图 2-34 所示，本电路为文氏电桥 *RC* 正弦波振荡器，可用来产生频率范围宽、波形较好的正弦波。电路由放大器和反馈网络组成。其中，两个二极管的作用为稳幅。

2）如图 2-34 所示，搭接电路，接通电源，调节电位器 *RP* 分别旋转到 A 点位置、B 点位置、适当位置，在三种不同情况下分析观测 u_o 的波形，并分别记录波形。

3）在输出不失真的情况下测出振荡波形的周期，计算振荡波形的频率 f，并与理论值相比较。

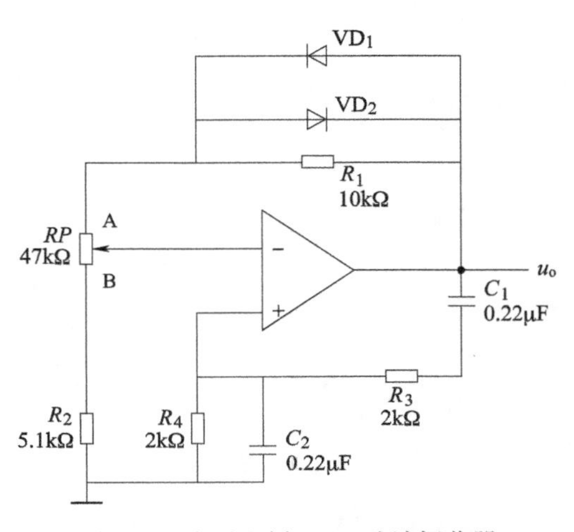

图 2-34　文氏电桥 *RC* 正弦波振荡器

4. 实验内容

1）按图 2-34 连线，记录输出曲线于表 2-25 中。

表 2-25 实验记录

条件	波形	工作状态
A 点位置	u_o O t	
B 点位置	u_o O t	
适当位置	u_o O t	

2）从示波器上记录频率值于表 2-26，并计算频率的理论值。

表 2-26 频率实验值

	理论值	工作状态
频率		

5. 实验电路仿真图

RC 正弦波振荡器仿真图如图 2-35 所示。

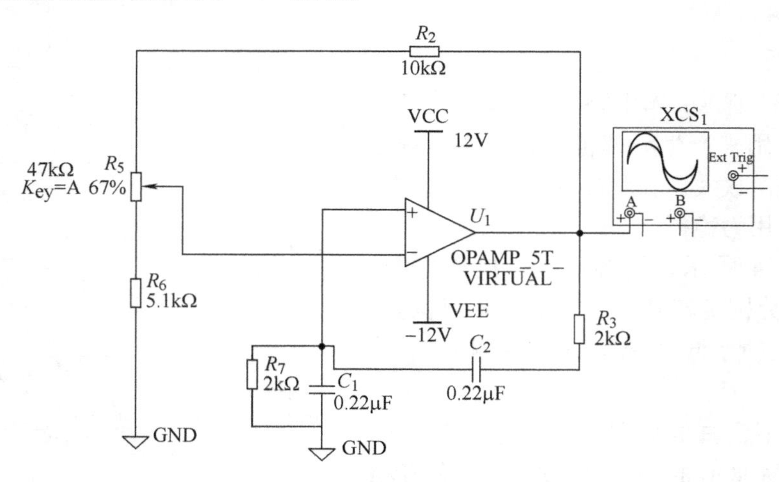

图 2-35 *RC* 正弦波振荡器仿真图

6. 实验总结

1）整理实验数据，计算理论值，分析理论值与实际值之间产生误差的原因。

2）改变电路参数，分析电路电阻对输出结果的影响。

2.9　低频功率放大器——OTL 功率放大器

1. 实验目的

1）进一步理解 OTL 功率放大器的工作原理。

2）学会 OTL 电路的调试及主要性能指标的测试方法。

2. 实验设备和器材

1）示波器。

2）数电模电综合实验箱。

3）信号发生器。

4）万用表。

5）直流电源。

3. 实验原理

（1）OTL 功率放大器的工作原理　图 2-36 所示为 OTL 功率放大器实验电路。其中晶体管 VT_1组成推动级（也称为前置放大级），VT_2、VT_3是一对参数对称的 NPN 和 PNP 型晶体管，组成了互补推挽 OTL 功率放大电路。由于每一个晶体管都接成射极输出器形式，因此具有输出电阻低，负载能力强等优点，适合于作为功率输出级。VT_1工作于甲类状态，它的集电极电流 I_{C1}由电位器 RP_1进行调节。I_{C1}的一部分流经电位器 RP_2及二极管 VD，给 VT_2、VT_3提供偏压。调节 RP_2，可以使 VT_2、VT_3得到合适的静态电流而工作于甲、乙类状态，以克服交越失真。静态时要求输出端中点 A 的电位 $U_A = U_{CC}/2$，可以通过调节 RP_1来实现；又由于 RP_1的一端接在 A 点，因此在电路中引入交、直流电压并联负反馈，一方面能够稳定放大器的静态工作点，同时也改善了非线性失真。

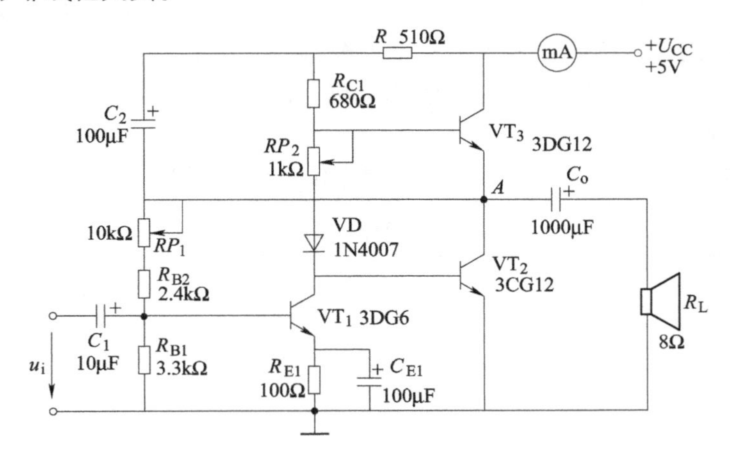

图 2-36　OTL 功率放大器实验电路

当输入正弦交流信号 u_i时，经 VT_1放大、倒相后同时作用于 VT_2、VT_3的基极。在 u_i的负半周，使 VT_2导通（VT_3截止），有电流通过负载 R_L，同时向电容 C_o充电；在 u_i的正半周，使

VT_3导通（VT_2截止），则已充好电的电容器 C_o起着电源的作用，通过负载 R_L放电，这样在 R_L上就得到完整的正弦波。

C_2和 R 构成自举电路，用于提高输出电压正半周的幅度，以得到大的动态范围。

（2）OTL 电路的主要性能指标

1）最大不失真输出功率 P_{om}：在理想情况下，$P_{om} = U_{CC}^2/8R_L$，在实验中可通过测量 R_L两端的电压有效值，求得实际的 $P_{om} = U_o^2/R_L$。

2）效率 η：$\eta = P_{om}/P_E \times 100\%$，式中 P_E为直流电源提供的平均功率。

在理想情况下，$\eta_{max} = 78.5\%$。在实验中，可测量电源供给的平均电流 I_{dc}，从而求得 $P_E = U_{CC}I_{dc}$，负载上的交流功率已用上述方法求出，因而也就可以计算实际效率了。

3）输入灵敏度：输入灵敏度是指输出最大不失真功率时，输入信号 U_i之值。

4. 实验内容

在整个实验过程中，电路不应有自激振荡现象。

（1）静态工作点的测试　按图 2-36 连接实验电路，将输入信号旋钮旋至零（$u_i = 0$），电源进线串入直流毫安表，电位器 RP_2置于最小值，RP_1置于中间位置。接通+5V 电源，观察毫安表指示，同时用手触摸输出级管子。若电流过大，或管子温升显著，应立即断开电源检查原因（如 RP_2开路、电路自激或输出管性能不好等）；若无异常现象，可进行调试。

1）调节输出端中点电位 U_A：调节电位器 RP_1，用直流电压表测量 A 点电位，使 $U_A = U_{CC}/2$。

2）调整输出级静态电流及测试各级静态工作点：调节 RP_2，使 VT_2、VT_3的 $I_{C2} = I_{C3} = 5 \sim 10mA$。从减小交越失真角度而言，应尽量加大输出级静态电流，但该电流过大，会使效率降低，所以一般以 5~10mA 为宜。由于毫安表是串联在电源进线中的，因此测得的是整个放大器的电流，但一般 VT_1的集电极电流 I_{C1}较小，从而可以把测得的总电流近似当作末级的静态电流。如果要准确得到末级静态电流，则可从总电流中减去 I_{C1}的值。

调整输出级静态电流的另一方法是动态调试法。先使 $RP_2 = 0\Omega$，在输入端接入 $f = 1kHz$ 的正弦信号 u_i。逐渐加大输入信号的幅值，此时，输出波形应出现较严重的交越失真（注意：没有饱和失真和截止失真），然后缓慢增大 RP_2，当交越失真刚好消失时，停止调节 RP_2，恢复 $u_i = 0$，此时直流毫安表的读数即为输出级静态电流。数值一般应在 5~10mA，如过大，则要检查电路工作正常与否。

输出级电流调好以后，测量各级静态工作点电位，记入表 2-27 中。

表 2-27　各级静态工作点电位

测量电位	VT_1	VT_2	VT_3
U_B/V			
U_C/V			
U_E/V			

注意：

① 在调整 RP_2时，一是要注意旋转方向，不要调得过大，更不能开路，以免损坏输出管。

② 输出管静态工作电流调好，若无特殊情况，不得随意旋动 RP_2的位置。

（2）最大输出功率 P_{om}和效率 η 的测试

1）测量 P_{om}：输入端接$f=1$kHz 的正弦信号 u_i，输出端用示波器观察输出电压 u_o波形。逐渐增大 u_i，使输出电压得到最大不失真输出，用交流毫伏表测出负载 R_L上的电压 u_{om}，则

$$P_{om}=\frac{u_{om}^2}{R_L}$$

2）测量 η：当输出电压为最大不失真输出时，读出直流毫安表中的电流值，此电流即为直流电源供给的平均电流 I_{dc}（有一定误差），由此可近似求出 $P_E=U_{CC}I_{dc}$，再根据上面测得的 P_{om}，即可求出 $\eta=P_{om}/P_E$。

（3）输入灵敏度测试　根据灵敏度的定义，只要测出输出功率 $P_o=P_{om}$时的输入电压值 U_i即可。

（4）频率响应的测试　测试方法同晶体管共射极单管放大器实验，并将测试值记入表 2-28 中。

表 2-28　频率响应的测试值

测试值	f_L					f_o	f_H				
f/Hz						1000					
u_o/V											
A_u											

在测试时，为保证电路的安全，应在较低的电压下进行，通常取输入信号为输入灵敏度的50%。在整个测试过程中，应保持 U_i为恒定值，且输出波形不得失真。

（5）研究自举电路的作用

1）测量自举电路，当 $P_o=P_{omax}$时的电压增益 $A_u=\dfrac{U_{om}}{U_i}$。

2）将 C_2开路，R 短路（无自举），再测量 $P_p=P_{omax}$时的 A_u。

用示波器观察 1）、2）两种情况下的输出电压波形，并将以上两项测量结果进行比较，分析研究自举电路的作用。

（6）噪声电压的测试　测量时将输入端短路（$u_i=0$），观察输出噪声波形，并用交流毫伏表测量输出电压，即为噪声电压 U_N。本电路若 $U_N<15$mV，即满足要求。

（7）试听　输入信号改为录音机输出，输出端接试听音箱及示波器。开机试听，并观察语言和音乐信号的输出波形。

5. 实验电路仿真图

OTL 功率放大器实验电路仿真图如图 2-37 所示。

6. 实验总结

1）整理实验数据，计算静态工作点、最大不失真输出功率 P_{om}和效率 η 等，并与理论值进行比较；画频率响应曲线。

2）分析自举电路的作用。

3）讨论实验中发生的问题及解决办法。

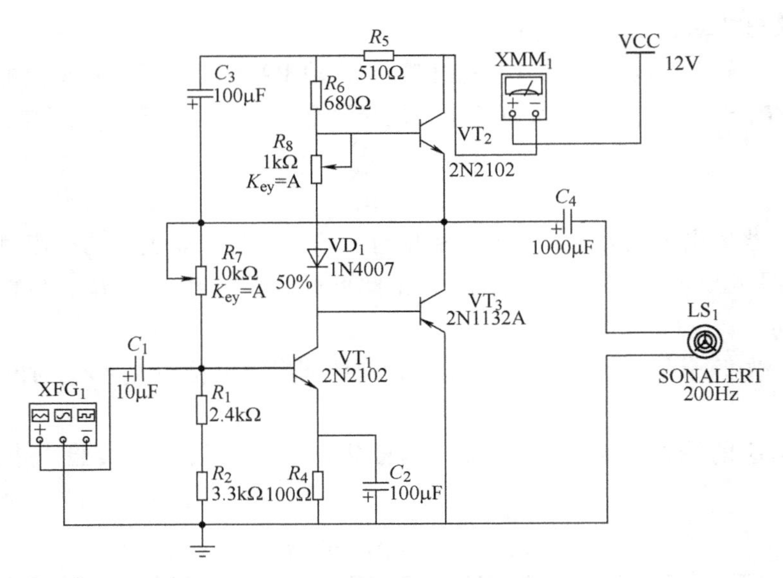

图 2-37 OTL 功率放大器实验电路仿真图

2.10 模拟电路综合实验——用运算放大器组成万用表的设计与调试

1. 实验目的

1）设计由运算放大器组成的万用表。

2）组装与调试由运算放大器组成的万用表。

2. 设计要求

1）直流电压表，满量程+6V。

2）直流电流表，满量程 10mA。

3）交流电压表，满量程 6V，50Hz～1kHz。

4）交流电流表，满量程 10mA。

5）欧姆表，满量程分别为 1kΩ、10kΩ 和 100kΩ。

3. 万用表工作原理及参考电路

在测量中，电表的接入应不影响被测电路的原工作状态，这就要求电压表具有无穷大的输入电阻，而电流表的内阻应为零。但实际上，万用表表头的可动线圈总有一定的电阻，例如 100μA 的表头，其内阻约为 1kΩ，用它进行测量时将引起误差。此外，交流电表中整流二极管的压降和非线性特性也会产生误差。如果在万用表中使用运算放大器，就能大大降低这些误差，提高测量精度。在欧姆表中采用运算放大器，不仅能得到线性刻度，还能实现自动调零。

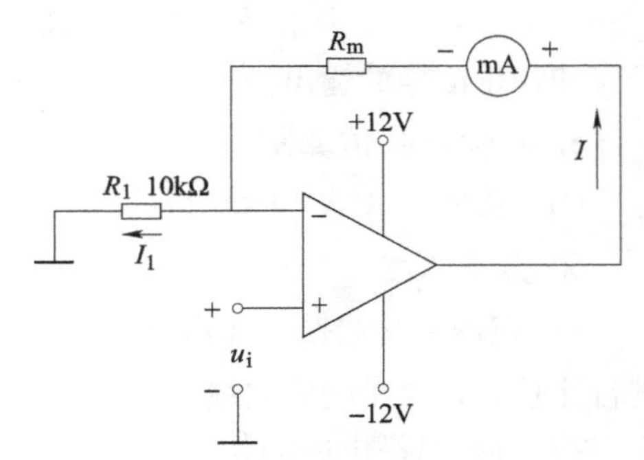

图 2-38 直流电压表原理图

（1）直流电压表 图 2-38 所示为同相输入、高精度的直流电压表原理图。

为了减小表头参数对测量精度的影响，将表头置于运算放大器的反馈回路中，这时，流经表头的电流与表头参数无关，只要改变 R_1 就可进行量程的切换。

表头电流 I 与被测电压 U_i 的关系为

$$I = U_i / R_1$$

应当指出，图 2-38 适用于测量电路与运算放大器共地的有关电路。此外，当被测电压较高时，在运放的输入端应设置衰减器。

（2）直流电流表　图 2-39 是浮地直流电流表原理图。在电流测量中，浮地电流的测量是普遍存在的，若被测电流无接地点，就属于这种情况。为此，应把运算放大器的电源也对地浮动。按此种方式构成的电流表就像常规电流表那样，可以串联在任何电流通路中进行电流测量。

表头电流 I 与被测电流 I_1 间的关系为

$$-I_1 R_1 = (I_1 - I) R_2 \qquad I = \left(1 + \frac{R_1}{R_2}\right) I_1$$

由此可见，改变电阻比 R_1/R_2，可调节流过电流表的电流，以提高灵敏度。如果被测电流较大，应给电流表表头并联分流电阻。

（3）交流电压表　由运算放大器、二极管整流桥和直流毫安表组成的交流电压表电路如图 2-40 所示。被测交流电压 u_i 加到运算放大器的同相端，故有很高的输入阻抗，又因为负反馈能减小反馈回路中的非线性影响，故把二极管桥路和表头置于运算放大器的反馈回路中，以减小二极管本身非线性的影响。

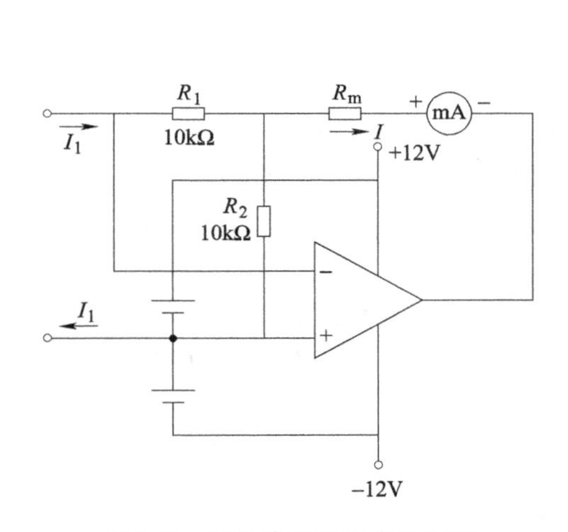

图 2-39　浮地直流电流表原理图

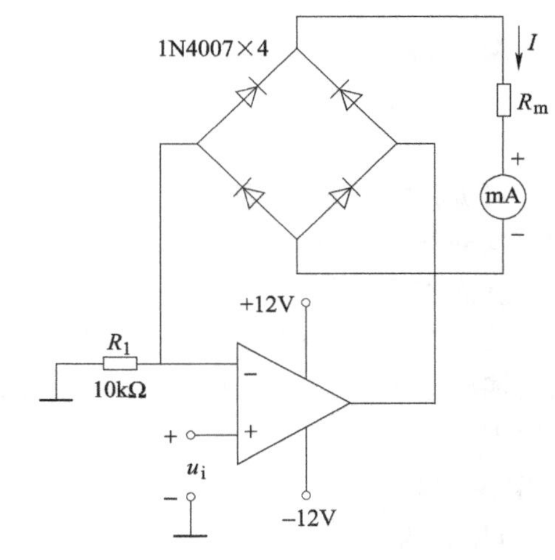

图 2-40　交流电压表电路

表头电流 I 与被测电压 u_i 的关系为 $I = u_i / R_1$。

电流 I 全部流过桥路，其值仅与 u_i/R_1 有关，与桥路和表头参数无关。表头中电流与被测电压 u_i 的全波整流平均值成正比，若 u_i 为正弦波，则表头可按有效值来刻度。被测电压的上限频率仅取决于运算放大器的频带和上升速率。

（4）交流电流表　图 2-41 所示为浮地交流电流表电路，表头读数由被测交流电流 i 的全波整流平均值 I_{1Au} 决定，即

$$I = \left(1 + \frac{R_1}{R_2}\right) I_{1Au}$$

如果被测电流 i 为正弦电流，即 $i_1 = \sqrt{2}I_1\sin\omega t$，则上式可写为 $I = 0.9(1 + R_1/R_2)I_1$。因此，表头可按有效值来刻度。

（5）欧姆表　图 2-42 所示为多量程的欧姆表电路。在此电路中，运算放大器改由单电源供电，被测电阻 R_X 跨接在运算放大器的反馈回路中，同相端加基准电压 U_{REF}。由于 $U_P = U_N = U_{REF}$，$I_1 = I_X$，$U_{REF}/R_1 = (U_o - U_{REF})/R_X$，即 $R_X = (U_o - U_{REF})R_1/U_{REF}$。因此，流经表头的电流为 $I = (U_o - U_{REF})/(R_2 + R_m)$。

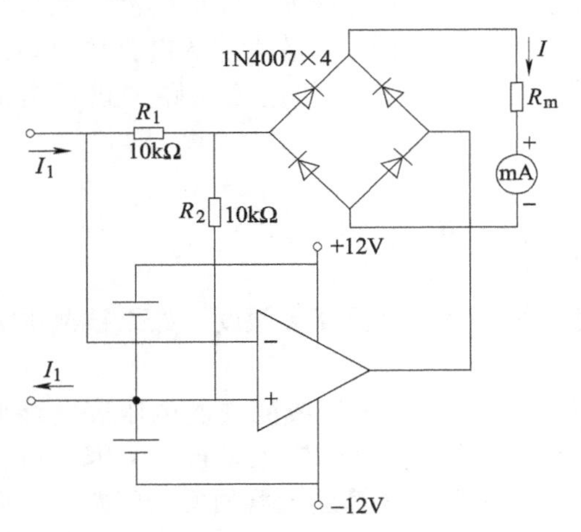

图 2-41　浮地交流电流表电路

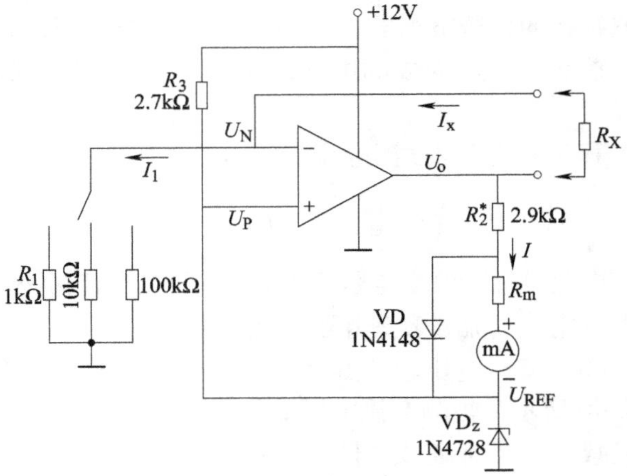

图 2-42　欧姆表

由上两式消去（$U_o - U_{REF}$）可得：

$$I = \frac{U_{REF}R_X}{R_1(R_m + R_2)}$$

由此可见，电流 I 与被测电阻成正比，而且表头具有线性刻度，改变 R_1 值，可改变欧姆表的量程。这种欧姆表能自动调零，当 $R_X = 0$ 时，电路变成电压跟随器，即 $U_o = U_{REF}$，故表头电流为零，从而实现了自动调零。

二极管 VD 起到保护电表的作用，如果没有 VD，当 R_X 超量程时，特别是当 $R_X \to \infty$，运算放大器的输出电压将接近电源电压，使表头过载。有了 VD 就可以使输出钳位，防止表头过载。调整 R_2，可实现满量程调节。

4. 电路设计

1）万用表的电路是多种多样的，建议设计电路时可参考一只较完整的万用电表。

2）万用表作电压、电流或电阻档测量和进行量程切换时，应用开关切换，但实验时可引用接线切换。

5. 实验元器件选择

1）表头，灵敏度为 1mA，内阻为 100Ω。

2）运算放大器，μA741。

3）电阻器，均采用 $\frac{1}{4}$W 的金属膜电阻器。

4）二极管，1N4007×4、1N4148。

5）稳压二极管，1N4728。

6. 注意事项

1）在连接电源时，正、负电源连接点上连接大容量的滤波电容器和 0.01~0.1μF 的小电容器，以消除通过电源产生的干扰。

2）万用表的电性能测试要用标准电压表和电流表校正，而欧姆表用标准电阻校正，考虑到实验要求不高，建议用数字式 $4\frac{1}{2}$ 位万用电表作为标准表。

7. 报告要求

1）画出完整的万用表的设计电路原理图。

2）万用表的电性能测试要用标准表作测试比较，计算万用表各功能档的相对误差，分析误差原因。

3）写出电路改进建议。

3

第 3 章 数字电路实验

3.1 逻辑门电路的测试

1. 实验目的

1）掌握常用集成逻辑门[㊀]的逻辑功能，熟悉其外形和引脚排列。

2）掌握门电路逻辑功能的测试方法。

3）掌握 TTL 集成门电路的逻辑功能。

4）学会门电路之间的转换，用“与非”门组成其他逻辑门。

5）学会用 Multisim 软件进行数字电路的仿真实验。

2. 实验设备

1）数电模电综合实验箱。

2）数字式万用表。

3）集成电路 74LS00（两输入四“与非”门）。

3. 实验原理

实验使用的集成电路采用的是双列直插式封装形式，其引脚的识别方法为：将集成块的正面（印有集成电路型号标记的面）对着使用者，集成电路上的标识字朝上（或表面的凹口）。左下角第一脚为 1 脚，按逆时针方向顺序排布其引脚。

实验所用“与非”门为 74LS00，其引脚排列如图 3-1 所示。14 脚接+5V，7 脚接地。其他引脚间的逻辑关系为 $3=\overline{1\cdot2}$、$6=\overline{4\cdot5}$、 $8=\overline{9\cdot10}$ 和 $11=\overline{12\cdot13}$。

4. 实验内容

按图 3-2 接线，74LS00 的 14 引脚接电源+5V，7 引脚接地线 GND，输入 A、B 接逻辑电平开关，输出 Z 接输出逻辑电平，搭接好电路后，接通电源改变输入端 A、B 的状态，观察输出逻辑指示灯状态，把测试结果填入表 3-1 中。

用“与非”门组成下列电路，并测试它们的功能：

①“或”门　$Z=A+B$

②“与”门　$Z=A\cdot B$

③“或非”门　$Z=\overline{A+B}$

④“与非”门　$Z=\overline{ABC}$

㊀ 为与仿真软件保持一致，本书仿真图中逻辑门符号采用 ANSI（美国标准协会）标准。——编者注

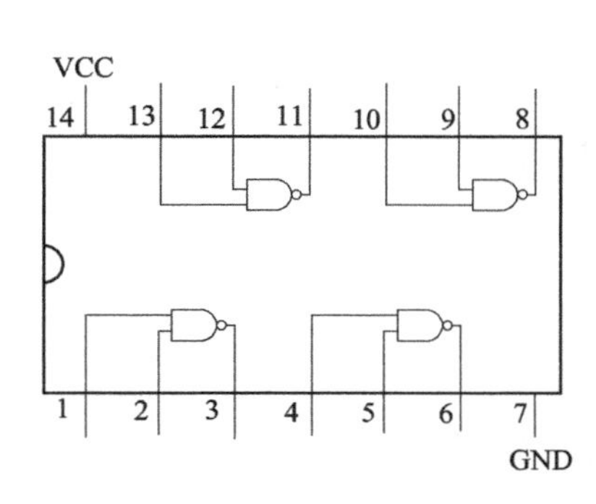

图 3-1　74LS00 引脚排列

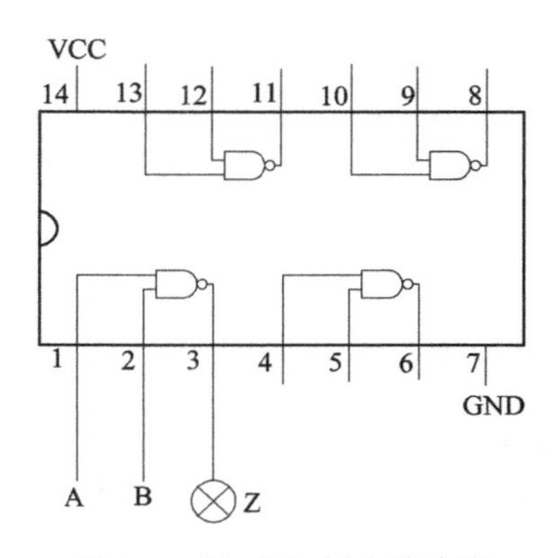

图 3-2　“与非”门电路接线

（1）“或”门逻辑功能的测试

1）化简或变换成“与非”门形式：

$$Z=A+B=\overline{\overline{A+B}}=\overline{\overline{A}\cdot\overline{B}}$$

2）画接线图，如图 3-3 所示。

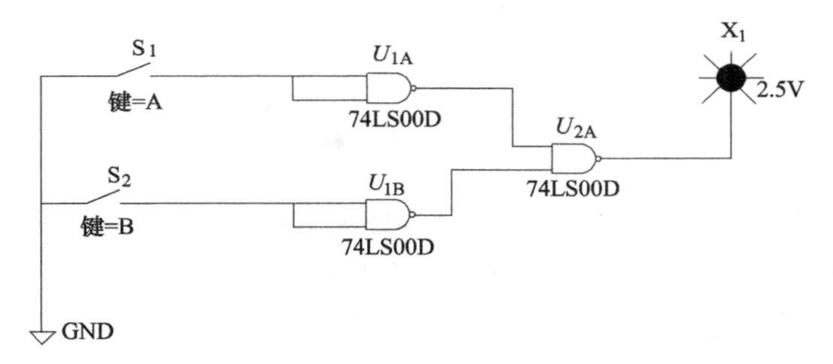

图 3-3　“或”门电路接线图

3）在实验箱中按图 3-3 所示进行接线，74LS00 的 14 引脚接电源+5V，7 引脚接地线 GND，输入 A、B 接逻辑电平开关，输出 Z 接输出逻辑电平，搭接好电路后，接通电源改变输入端 A、B 的状态，观察输出逻辑指示灯状态，把测试结果填入表 3-2 中。

（2）“与”门逻辑功能的测试

1）化简或变换成“与非”门形式：

$$Z=A\cdot B=\overline{\overline{A\cdot B}}$$

2）画接线图，如图 3-4 所示。

3）在实验箱中按图 3-4 所示进行接线，74LS00 的 14 引脚接电源+5V，7 引脚接地线 GND，输入 A、B 接逻辑电平开关，输出 Z 接输出逻辑电平，搭接好电路后，接通电源改变输入端 A、B 的状态，观察输出逻辑指示灯状态，把测试结果填入表 3-3 中。

（3）“或非”门逻辑功能的测试：

1）化简或变换成“与非”门的形式：

$$Z=\overline{A+B}=\overline{A}\cdot\overline{B}=\overline{\overline{\overline{A}\cdot\overline{B}}}$$

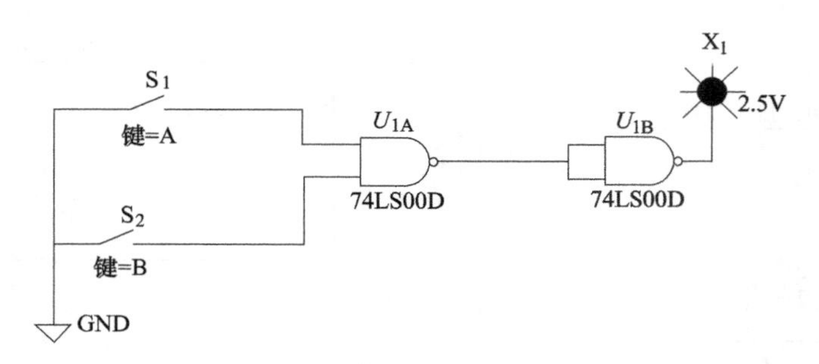

图 3-4 “与”门电路接线图

2）画接线图，如图 3-5 所示。

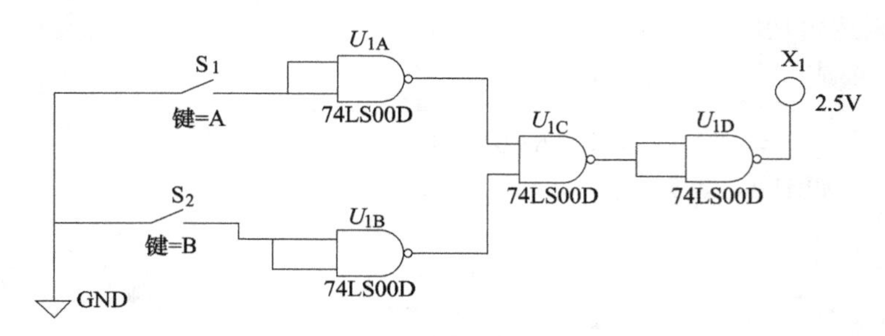

图 3-5 “或非”门电路接线图

3）在实验箱中按图 3-5 所示进行接线，74LS00 的 14 引脚接电源+5V，7 引脚接地线 GND，输入 A、B 接逻辑电平开关，输出 Z 接输出逻辑电平，搭接好电路后，接通电源改变输入端 A、B 的状态，观察输出逻辑指示灯状态，把测试结果填入表 3-4 中。

（4）“与非”门逻辑功能的测试

1）化简或变换成“与非”门的形式：

$$Z=\overline{ABC}=\overline{(A\cdot B)\cdot C}=\overline{\overline{\overline{(A\cdot B)}}\cdot C}$$

2）画接线图，如图 3-6 所示。

3）在实验箱中按图 3-6 所示进行接线，74LS00 的 14 引脚接电源+5V，7 引脚接地线 GND，输入 A、B 接逻辑电平开关，输出 Z 接输出逻辑电平，搭接好电路后，接通电源改变输入端 A、B 的状态，观察输出逻辑指示灯状态，把测试结果填入表 3-5 中。

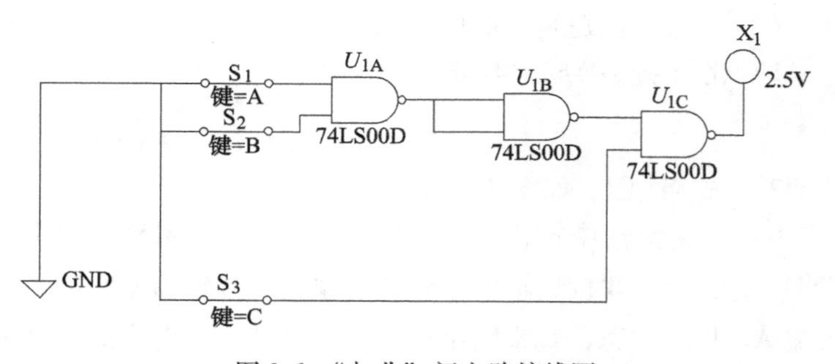

图 3-6 “与非”门电路接线图

5. 实验数据

1）逻辑门电路测试，测试结果填入表 3-1 中。

表 3-1　逻辑门电路测试结果

输入逻辑状态		输出逻辑状态
A	B	Z
0	0	
0	1	
1	0	
1	1	

2）“或”门电路测试，测试结果填入表 3-2 中。

表 3-2　“或”门电路测试结果

输　入		输　出
A	B	Z
0	0	
0	1	
1	0	
1	1	

3）“与”门电路测试，测试结果填入表 3-3 中。

表 3-3　“与”门电路测试结果

输　入		输　出
A	B	Z
0	0	
0	1	
1	0	
1	1	

4）“或非”门电路测试，测试结果填入表 3-4 中。

表 3-4　“或非”门电路测试结果

输　入		输　出
A	B	Z
0	0	
0	1	
1	0	
1	1	

5）“与非”门电路测试，测试结果填入表 3-5 中。

表 3-5 “与非”门电路测试结果

输入			输出
A	B	C	Z
0	0	0	
0	0	1	
0	1	0	
0	1	1	
1	0	0	
1	0	1	
1	1	0	
1	1	1	

6. 仿真电路

(1)“与非”门 74LS00 的逻辑功能测试

1）设置仿真环境。单击“仿真（S)”菜单栏的“混合模式仿真设置（M)”，如图 3-7 所示。

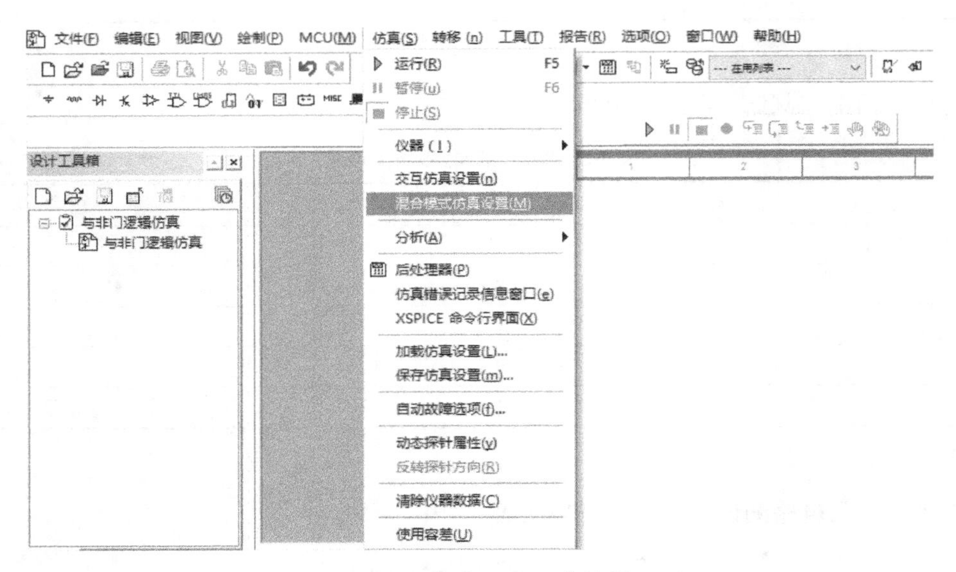

图 3-7 “仿真（S)”菜单栏

在打开的对话框中选中“使用真实管脚模型（仿真准确度更高-要求电源和数字地）(R)”，按“确认”按钮结束，如图 3-8 所示。

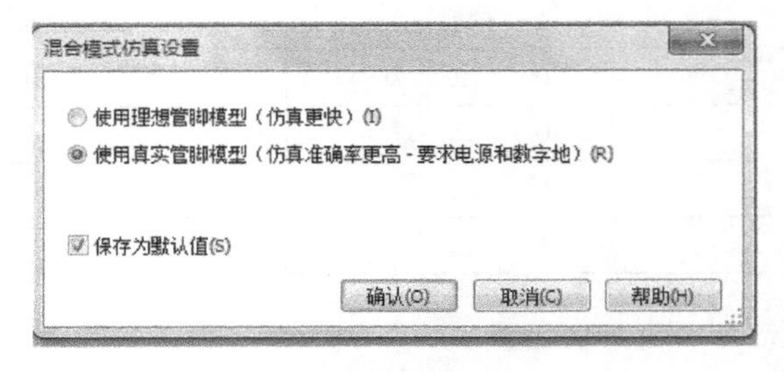

图 3-8 混合模式仿真设置

设置完成后，电路引脚悬空就为高电平，与真实芯片情况相同。

2）打开 Multisim 软件，创建逻辑功能仿真电路。在主数据库中单击“TTL”按钮，列表中选择“74LS”，元器件列表（Component）选中“74LS00D”，如图3-9所示。单击“确认”按钮，确认取出74LS00D“与非”门。注意，在软件Multisim中芯片的引脚命名和原理部分与其他书籍有所不同的，但只要是引脚号相同，就表示同一个引脚。

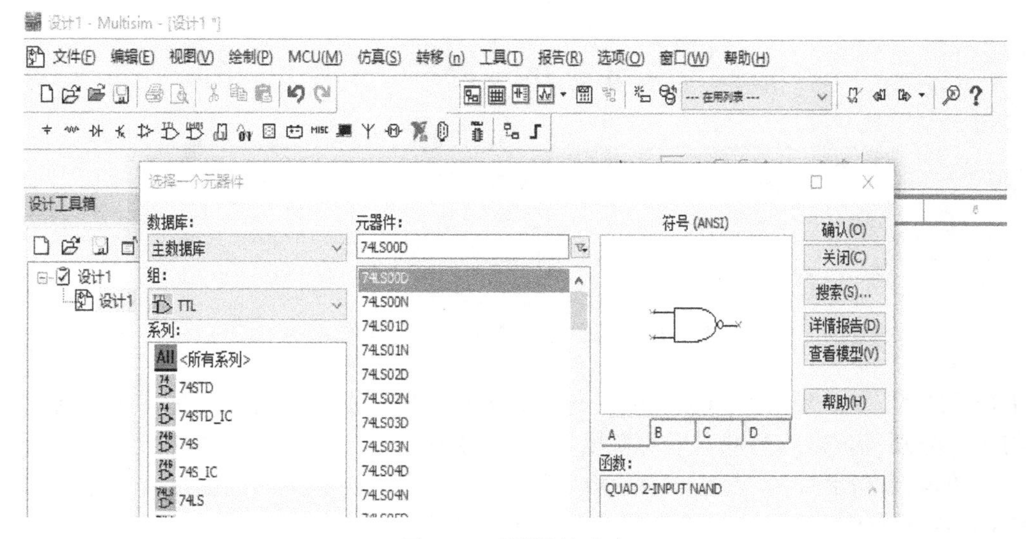

图3-9 元器件的选取

3）其他元器件可参照以下说明取用。

① S1单刀开关：（Group）Basic→（Family）SWITCH→（Component）SPST。

② 指示灯：（Group）indicators→（Family）PROBE→（Component）PROBE_DIG_BLUE。

③ 地GND：（Group）Sourses→（Family）POWER-Sourses→（Component）GROUND（Vcc）。

4）搭建电路74LS00D的逻辑功能仿真电路如图3-10所示。

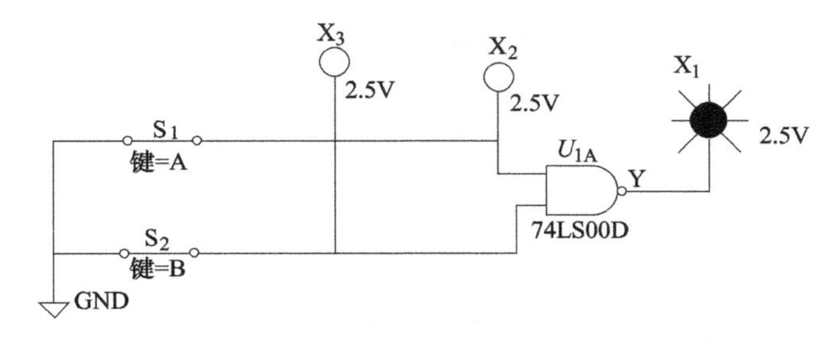

图3-10 74LS00D的逻辑功能仿真电路

每次开关A、B分别打开闭合一次（每次开关A、B分别打开闭合一次，对应指示灯X_2、X_3亮与灭，分别代表输入高低电平的变化），等价于在“与非”门输入端拉低电平一次，U_{1A}“与非”门的输出指示灯X_1点亮，表示输出高电平1；当“与非”门的输出指示灯X_1不亮时，表示输出低电平为0，实现了“与非”门74LS00D的逻辑功能测试。

切换开关A和B，使之处于相应的输入状态，观察输出指示灯X_1的变化，把测试结果填入表3-1中。

（2）用“与非门”实现“或”关系，并仿真测试其逻辑功能

1）用代数化简法求出“与非”门实现“或”关系最简逻辑表达式

$$Z=A+B=\overline{\overline{A+B}}=\overline{\overline{A}\cdot\overline{B}}$$

2）打开 Multisim 软件，创建“或”门逻辑功能仿真电路，如图 3-11 所示。

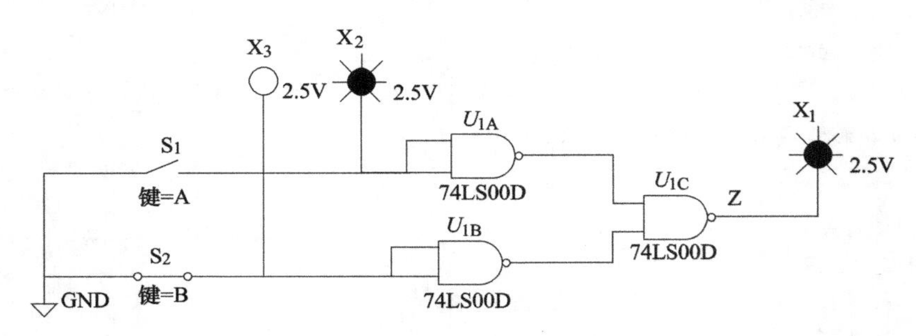

图 3-11 “或”门的逻辑功能仿真电路

每次开关 A、B 分别打开闭合一次（每次开关 A、B 分别打开闭合一次，对应指示灯 X_2、X_3 亮与灭，分别代表输入高低电平的变化），等价于在“与非”门输入端拉低电平一次，U_{1C}“与非”门的输出指示灯 X_1 点亮，表示输出高电平 1；当“与非”门的输出指示灯 X_1 不亮时，表示输出低电平为 0，实现了“或”门的逻辑功能测试。

切换开关 A 和 B，使之处于相应的输入状态，观察输出指示灯 X_1 的变化，把测试结果填入表 3-2 中。

（3）用“与非”门实现“与”关系，并仿真测试其逻辑功能

1）用代数化简法求出“与非”门实现“与”关系最简逻辑表达式

$$Z=A\cdot B=\overline{\overline{A\cdot B}}$$

2）打开 Multisim 软件，创建“与”门逻辑功能仿真电路，如图 3-12 所示。

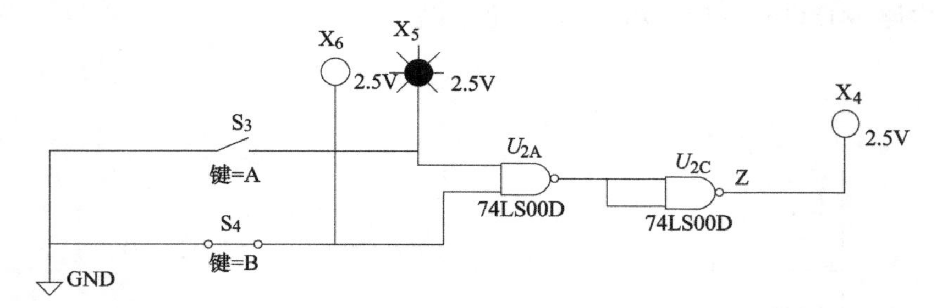

图 3-12 “与”门的逻辑功能仿真电路

每次开关 A、B 分别打开闭合一次（每次开关 A、B 分别打开闭合一次，对应指示灯 X_5、X_6 亮与灭，分别代表输入高低电平的变化），等价于在“与非”门输入端拉低电平一次，U_{2C}“与非”门的输出指示灯 X_4 点亮，表示输出高电平 1；当“与非”门的输出指示灯 X_4 不亮时，表示输出低电平为 0，实现了“与”门的逻辑功能测试。

切换开关 A 和 B，使之处于相应的输入状态，观察输出指示灯 X_4 的变化，把测试结果填入表 3-3 中。

（4）用“与非”门实现“或非”关系，并仿真测试其逻辑功能　仿真电路如图 3-13 所示。“或非”门最简逻辑表达式为

$$Z=\overline{A+B}=\overline{A}\cdot\overline{B}=\overline{\overline{\overline{\overline{A}\cdot\overline{B}}}}$$

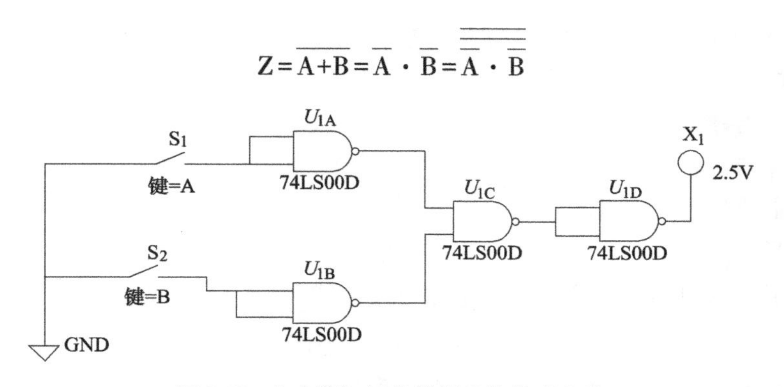

图 3-13　“或非”门的逻辑功能仿真电路

每次开关 A、B 分别打开闭合一次，等价于在与非门输入端拉低电平一次，U_{1D}与非门的输出指示灯 X_1 点亮，表示输出高电平 1；当与非门的输出指示灯 X_1 不亮，表示输出低电平为 0，实现了或非门的逻辑功能测试。

切换开关 A 和 B，使之处于相应的输入状态，观察输出指示灯 X_1 的变化，把测试结果填入表 3-4 中。

（5）用“与非”门实现“与非”关系，并仿真测试其逻辑功能　“与非”门的逻辑功能仿真电路如图 3-14 所示。“与非”门最简逻辑表达式为

$$Z=\overline{ABC}=\overline{(A\cdot B)\cdot C}=\overline{\overline{\overline{(A\cdot B)}}\cdot C}$$

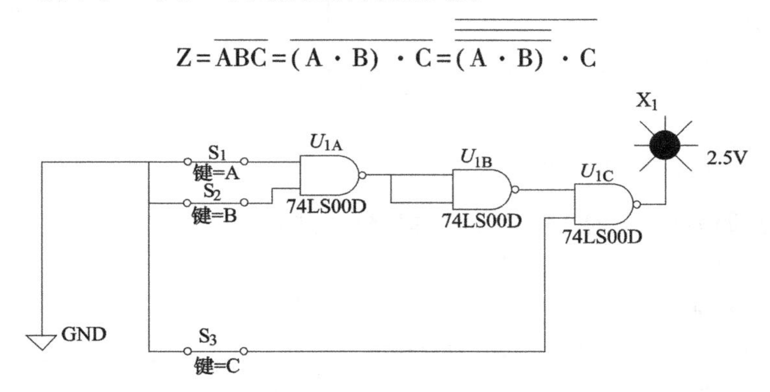

图 3-14　“与非”门的逻辑功能仿真电路

每次开关 A、B 分别打开闭合一次，等价于在“与非”门输入端拉低电平一次，U_{1C}“与非”门的输出指示灯 X_1 点亮，表示输出高电平 1；当“与非”门的输出指示灯 X_1 不亮时，表示输出低电平为 0，实现了“与非”的逻辑功能测试。

切换开关 A 和 B，使之处于相应的输入状态，观察输出指示灯 X_1 的变化，把测试结果填入表 3-5 中。

3.2　编码及译码显示电路

1. 实验目的

1）熟悉编码电路、数码管的使用。

2）了解译码显示器电路的构成原理。

3）掌握 BCD-七段译码/驱动器的使用方法。

2. 实验设备

1）数字逻辑电路实验箱。

2）74LS20 和 74LS48。

3）共阴极七段数码管 BS12.7。

3. 实验原理

1）74LS20 内含两组 4 与非门，其引脚排列如图 3-15 所示。

其中，第一组 $6=\overline{1\cdot 2\cdot 4\cdot 5}$，第 2 组 $8=\overline{9\cdot 10\cdot 12\cdot 13}$。

2）LED 七段显示器 BS 12 · 7。LED 数码管是目前最常用的数字显示器，本实验使用的 BS 12 · 7 是共阴极数码管。COM 端接地，引脚接高电平，对应的数码管就会点亮，如图 3-16 所示。

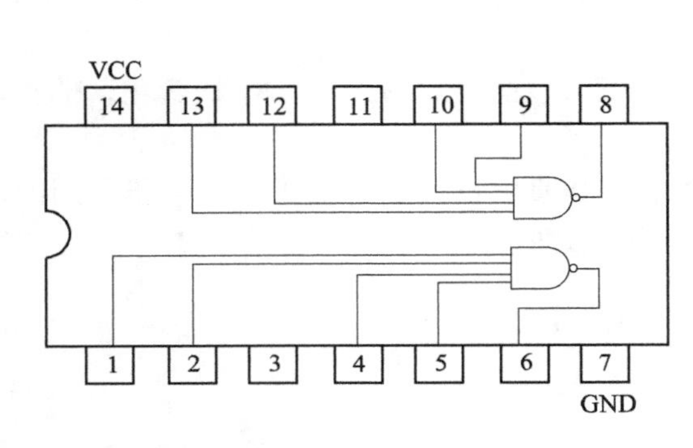

图 3-15 74LS20 引脚排列

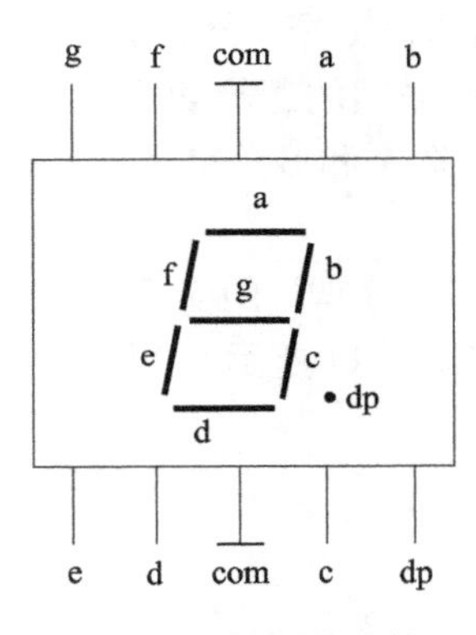

图 3-16 LED 数码管

3）BCD 码七段译码驱动器。BCD-七段译码器（共阴）7448/74LS48 的引脚排列如图 3-17 所示，它可直接驱动一位 LED 七段共阴数码管。

① DCBA 为编码输入：输入 BCD 码。

② a~g 为译码输出端，高电平有效，a~g 分别对应 LED 数码管的 a~g 段。

③ $\overline{LT}$：灯测试输入端。当$\overline{LT}=0$时，a~g 均为 1，数码管七段同时点亮。

④ $\overline{BI}$：灭灯输入端。若$\overline{BI}=0$，则 a~g 均为 0。$\overline{BI}$优先于$\overline{LT}$。

⑤ $\overline{RBI}$：灭 0 输入端。若输入 DCBA = 0000，且$\overline{RBI}=0$，则 a~g 均为 0，即数码管不显示 0。若输入其他代码，则正常输出。

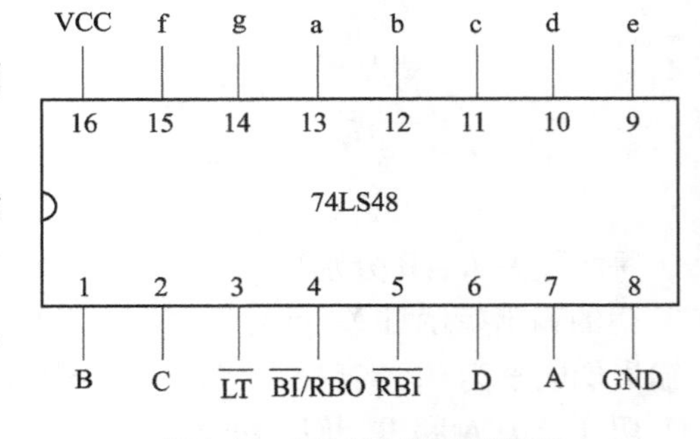

图 3-17 74LS48 的引脚排列

4. 实验内容

74LS48 与 BS 12 · 7 相连接，接通电源，进行测试。注意，BS 12 · 7 管的两个 COM 引脚中至少要有一个接公共地（GND）。

（1）测试显示电路的显示结果　依据图 3-18 所示连接电路，74LS48D 译码器的 16 引脚接电源+5V，8 引脚接地线 GND，输入 A、B、C、D 接逻辑电平开关，输出 OA~OG 与数码管的

ABCDEFG 对应相连接，搭接好电路后。

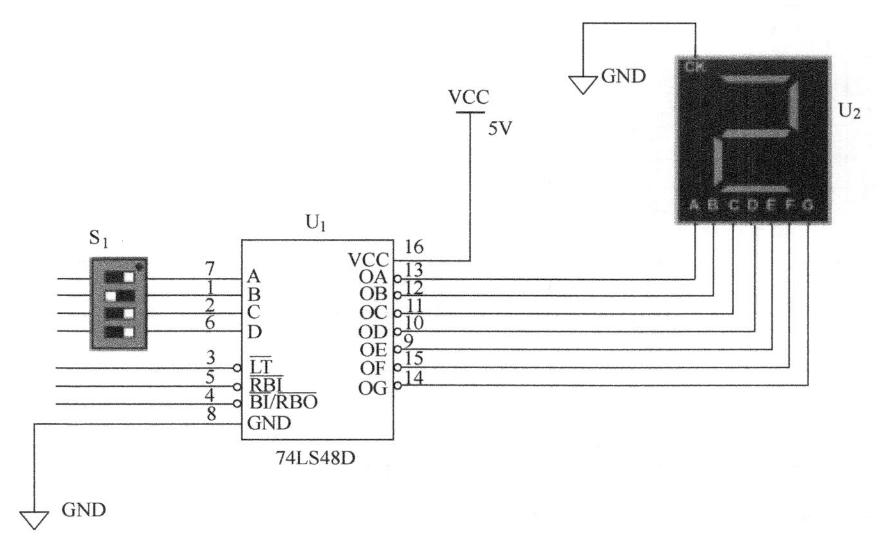

图 3-18　译码显示电路

改变输入信号 DCBA 的状态 0000 ~ 1111，观察记录数码管的显示情况，把测试结果填入表 3-6 中。

（2）测试“灯测试功能”　$\overline{LT}$端接低电平“0”，$\overline{RBI}$、$\overline{BI}/\overline{RBO}$引脚均悬空，A、B、C、D 接逻辑电平开关，记录数码管的显示结果。当 A、B、C、D 取不同值时，显示结果如何变化?

（3）测试“灭灯功能”　$\overline{BI}/\overline{RBO}$端接低电平“0”，$\overline{LT}$、$\overline{RBI}$引脚均悬空，A、B、C、D 接逻辑电平开关，记录数码管的显示结果。当 A、B、C、D 取不同值时，显示结果如何变化?

（4）测试“灭 0 功能”　$\overline{RBI}$端接低电平“0”，$\overline{BI}/\overline{RBO}$、$\overline{LT}$均悬空，A、B、C、D 接逻辑电平开关，$\overline{BI}/\overline{RBO}$接输出逻辑电平。当输入 DCBA = 0000 时，记录数码管显示结果和$\overline{BI}/\overline{RBO}$的输出逻辑电平。当输入 DCBA 不为 0000 时，输入其他代码，再次记录数码管的显示结果和$\overline{BI}/\overline{RBO}$的输出逻辑电平。

5. 实验数据

1）将测试结果记录到 BCD-七段显示译码器真值表中，见表 3-6。

表 3-6　BCD-七段显示译码器真值表

$\overline{LT}$	$\overline{BI}/\overline{RBO}$	$\overline{RBI}$	D　C　B　A	显示
1	1	1	0　0　0　0	
1	1	1	0　0　0　1	
1	1	1	0　0　1　0	
1	1	1	0　0　1　1	
1	1	1	0　1　0　0	
1	1	1	0　1　0　1	
1	1	1	0　1　1　0	

（续）

$\overline{LT}$	$\overline{BI}/\overline{RBO}$	$\overline{RBI}$	D　C　B　A	显示
1	1	1	0　1　1　1	
1	1	1	1　0　0　0	
1	1	1	1　0　0　1	
1	1	1	1　0　1　0	
1	1	1	1　0　1　1	
1	1	1	1　1　0　0	
1	1	1	1　1　0　1	
1	1	1	1　1　1　0	
1	1	1	1　1　1　1	

2）测试“灯测试功能”数据：当 A、B、C、D 取不同值时，显示结果__________。

3）测试“灭灯功能”数据：

① 当 A、B、C、D 接逻辑电平时，显示结果__________。

② 当 A、B、C、D 取不同值时，显示结果__________。

4）测试“灭 0 功能”数据：

① 当输入 DCBA = 0000 时，数码管显示结果__________，$\overline{BI}/\overline{RBO}$ 的输出逻辑电平是__________。

② 当输入 DCBA 不为 0000、输入其他代码时，数码管显示结果__________，$\overline{BI}/\overline{RBO}$的输出逻辑电平是__________。

6. 仿真电路

1）按第一节的步骤设置仿真环境。

2）完成编码电路，如图 3-19 所示。

3）测试显示电路的显示结果。

打开 Multisim 软件，创建译码显示电路仿真图（见图 3-20），并连接电路，将$\overline{LT}$、$\overline{BI}/\overline{RBO}$、$\overline{RBI}$都接高电平或+5V。

① 改变输入信号 DCBA 的状态 0000～1111，观察记录数码管的显示情况。

② 测试“灯测试功能”：$\overline{LT}$ 端接低电平地，$\overline{RBI}$、$\overline{RBO}$引脚均接高电平，改变开关 A、B、C、D 状态，记录数码管的显示结果。当 A、B、C、D 取不同值时，显示结果如何？

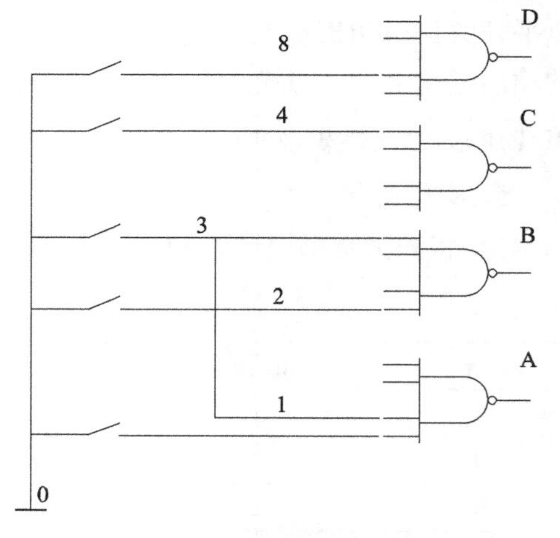

图 3-19　编码电路

③ 测试“灭灯功能”：$\overline{BI}/\overline{RBO}$端接低电平地，$\overline{LT}$、$\overline{RBI}$引脚均接高电平，A、B、C、D 接逻辑电平开关，记录数码管的显示结果。改变开关 A、B、C、D 状态时，显示结果如何？

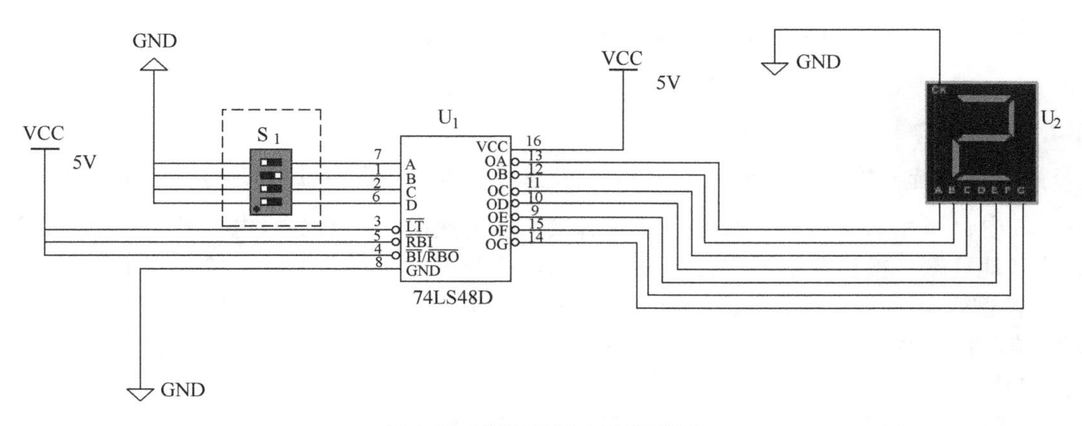

图 3-20　译码显示电路仿真图

4）将仿真测试数据结果记录在相应的表格中。

3.3　数据选择器的设计

1. 实验目的

1）掌握中规模集成数据选择器的逻辑功能及使用方法。

2）学习用数据选择器作逻辑函数产生器的方法。

2. 主要设备与器材

1）数电模电综合实验箱。

2）导线若干，74LS151 芯片。

3. 实验原理

数据选择器又叫作“多路开关”。数据选择器在地址码（或叫作选择控制）电位的控制下，从几个数据输入中选择一个并将其送到一个公共的输出端。数据选择器的功能类似一个多掷开关，八选一数据选择器 74LS151 为互补输出的 8 选 1 数据选择器，引脚排列如图 3- 21 所示。

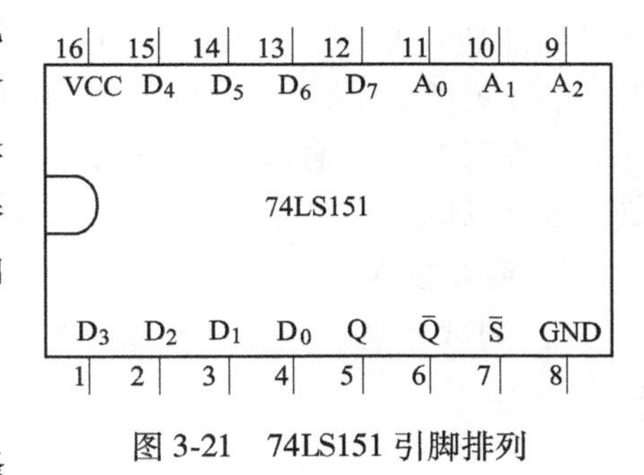

图 3-21　74LS151 引脚排列

图中，$\overline{S}$ 为使能端，低电平有效。八路数据 $D_0 \sim D_7$，通过选择控制信号 A_2、A_1、A_0（地址码），按二进制译码，从 $D_0 \sim D_7$八路数据中选择某一路数据送至输出端 Q。

1）使能端 $\overline{S}=1$ 时，不论 $A_2 \sim A_0$ 状态如何，均无输出（$Q=0$，$\overline{Q}=1$），多路开关被禁止。

2）使能端 $\overline{S}=0$ 时，多路开关正常工作，根据地址码 A_2、A_1、A_0 的状态选择 $D_0 \sim D_7$中某一个通道的数据输送到输出端 Q。

若 $A_2A_1A_0=000$，则选择 D_0 数据到输出端，即 $Q=D_0$。

若 $A_2A_1A_0=001$，则选择 D_1 数据到输出端，即 $Q=D_1$，其余类推。其中，

$$Q=\overline{A_2}\,\overline{A_1}\,\overline{A_0}D_0+\overline{A_2}\,\overline{A_1}A_0D_1+\overline{A_2}A_1\overline{A_0}D_2+\overline{A_2}A_1A_0D_3$$
$$+A_2\overline{A_1}\,\overline{A_0}D_4+A_2\overline{A_1}A_0D_5+A_2A_1\overline{A_0}D_6+A_2A_1A_0D_7$$

4. 实验内容

1）测试 8 选 1 数据选择器的基本功能。8 选 1 数据选择器 74LS151 的引脚排列如图 3-21 所示。其中，16 引脚接电源（+5V），8 引脚接地线，使能端 $\overline{S}$ 接逻辑电平开关低电平，选择控制端（地址端）接逻辑电平开关，D_0 接逻辑电平开关高电平，D_1 ~ D_7 接逻辑电平开关低电平；D_1 接逻辑电平开关高电平，其余的接逻辑电平开关低电平；D_2 接逻辑电平开关高电平，其余的接逻辑电平开关低电平；对应输出接逻辑电平显示。接通电源，进行测试，对应结果填入表 3-7 中。

2）用 8 选 1 数据选择器 74LS151 实现以下逻辑函数：

$$F=A\overline{B}+\overline{A}C+B\overline{C}$$

① 写成最小项之和的形式：

提示，$F=A\overline{B}+\overline{A}C+B\overline{C}=A\overline{B}C+A\overline{B}\,\overline{C}+\overline{A}BC+\overline{A}\,\overline{B}C+AB\overline{C}+\overline{A}B\overline{C}$

令 $A_2=A$，$A_1=B$，$A_0=C$

则 $F=A_2\overline{A_1}A_0+A_2\overline{A_1}\,\overline{A_0}+\overline{A_2}A_1A_0+\overline{A_2}\,\overline{A_1}A_0+A_2A_1\overline{A_0}+\overline{A_2}A_1\overline{A_0}$

8 路数据选择器 74LS151 的逻辑函数为

$Q=\overline{A_2}\,\overline{A_1}\,\overline{A_0}D_0+\overline{A_2}\,\overline{A_1}A_0D_1+\overline{A_2}A_1\overline{A_0}D_2+\overline{A_2}A_1A_0D_3+A_2\overline{A_1}\,\overline{A_0}D_4+A_2\overline{A_1}A_0D_5+A_2A_1\overline{A_0}D_6+A_2A_1A_0D_7$ 通过 Q 可以观察出，若 $D_5=D_4=D_3=D_1=D_6=D_2=1$，$D_0=D_7=0$，那么 Q=F。

② 画出接线图

③ 根据图 3-22 在实验箱上连接电路，8 选 1 数据选择器 74LS151 的 16 引脚接电源（+5V）线，8 引脚接地线，使能端 $\overline{S}$ 接逻辑电平开关低电平，选择控制端（地址端）A、B、C 接逻辑电平开关，D_0、D_7 接逻辑电平开关低电平，D_5、D_4、D_3、D_1、D_6、D_2 接逻辑电平开关高电平，输出 F 接逻辑电平显示器。接通电源，进行测试，将对应结果填入表 3-8 中。

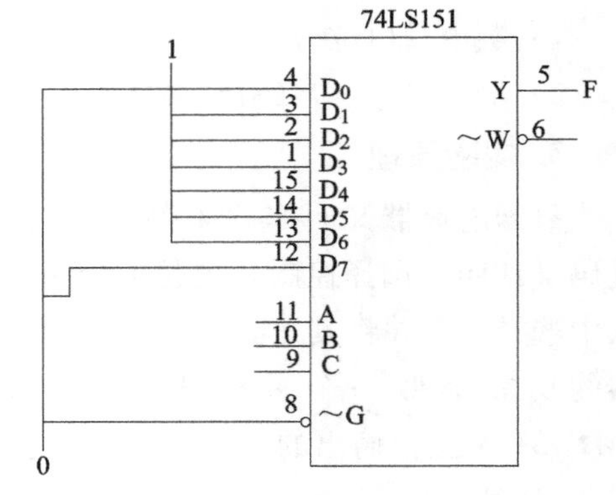

图 3-22 逻辑函数接线图

5. 实验数据

1）测试 8 选 1 数据选择器的基本功能，结果填入表 3-7 中。

表 3-7 测试 8 选 1 数据选择器的基本功能结果

输入	控制				输出
	$\overline{S}$	A_2	A_1	A_0	Q
$D_0=1$，D_1 ~ $D_7=0$	0				
$D_1=1$，D_0 ~ $D_7=0$	0				
$D_2=1$，D_0 ~ $D_7=0$	0				
$D_3=1$，D_0 ~ $D_7=0$	0				

2）用 8 选 1 数据选择器 74LS151 实现逻辑函数，结果填入表 3-8 中。

表 3-8 用 8 选 1 数据选择器实现逻辑函数结果

C	B	A	F
0	0	0	
0	0	1	
0	1	0	
0	1	1	
1	0	0	
1	0	1	
1	1	0	
1	1	1	

6. 仿真电路

按照前面讲述的步骤设置仿真环境。其中，用 8 选 1 数据选择器 74LS151 实现函数 $F=A\overline{B}+\overline{A}C+B\overline{C}$的逻辑仿真电路如图 3-23 所示。

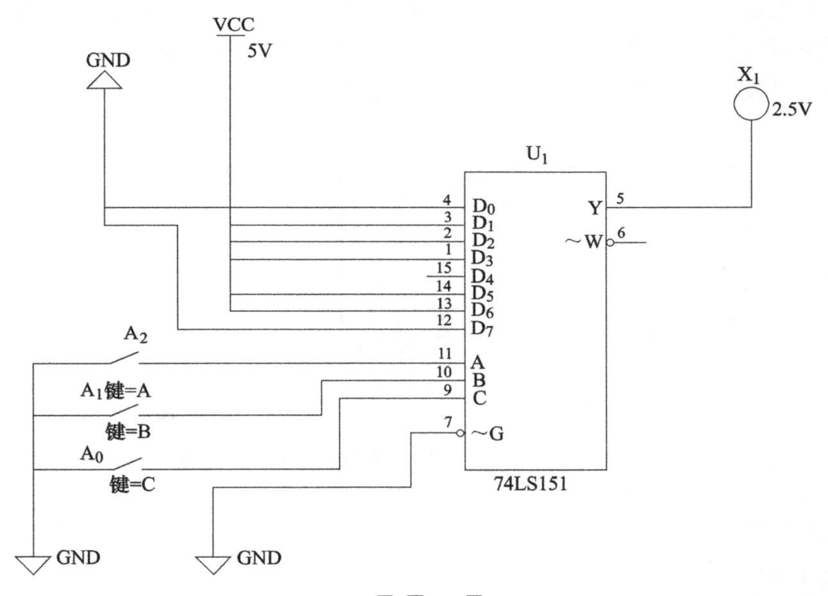

图 3-23 函数 $F=A\overline{B}+\overline{A}C+B\overline{C}$的逻辑仿真电路

打开 Multisim 软件，创建如图 3-23 所示的逻辑功能仿真电路将 D_5、D_4、D_3、D_1、D_6、D_2 都接高电平或+5V，并将 D_0、D_7 都接低电平或地线，使能端 $\overline{S}$ 接低电平或地线。输入 A、B、C 分别接单路开关并接地线，输出 Y 接指示灯。仿真测试结果填入表 3-8 中。

7. 扩展实验

用 8 选 1 数据选择器 74LS151 设计三输入多数表决电路。具体设计步骤如下：

1）写出设计过程。

2）画出接线图。

3）验证逻辑功能。

3.4 触发器的逻辑功能与应用

1. 实验目的

1）掌握集成触发器的逻辑功能及使用方法。

2）熟悉触发器之间相互转换的方法。

2. 主要设备与器材

1）数电模电综合实验箱。

2）导线若干，74LS112 芯片。

3. 实验原理

触发器具有两个稳定逻辑状态“1”和“0”，在一定的外界信号作用下，可以从一个稳定状态翻转到另一个稳定状态。触发器是一个具有记忆功能的二进制信息存储器件，是构成各种时序电路的最基本逻辑单元。

（1）74LS112 双 JK 触发器引脚排列及逻辑符号　JK 触发器是功能完善、使用灵活和通用性较强的一种触发器。本实验采用 74LS112 双 JK 触发器，是下降边沿触发的边沿触发器，其引脚功能及逻辑符号如图 3-24 所示。一片 74LS112 含有两个 JK 触发器，两个触发器功能上是独立的，第一个触发器的引脚均以“1”开头表示，第二个触发器的引脚均以“2”开头表示。

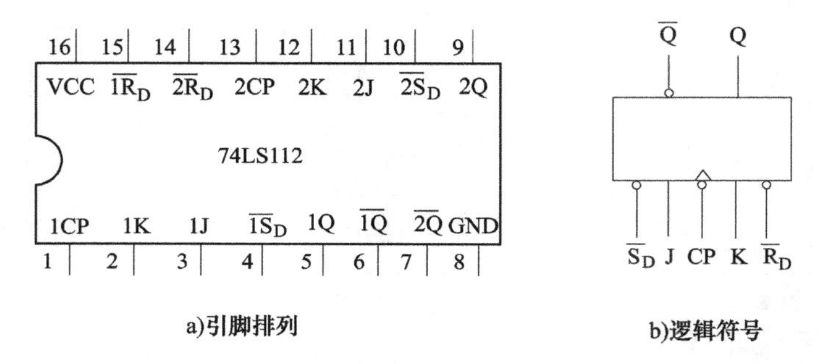

a)引脚排列　　b)逻辑符号

图 3-24　74LS112 双 JK 触发器引脚排列及逻辑符号

（2）JK 触发器的功能描述

JK 触发器的状态方程为

$$Q^{n+1}=J\overline{Q^n}+\overline{K}Q^n$$

JK 触发器的特性见表 3-9。

表 3-9　JK 触发器的特性表

$\overline{R}$	$\overline{S}$	J	K	Q^n	Q^{n+1}	说明
0	0	×	×	×	×	不允许
0	1	×	×	×	1	异步清 0
1	0	×	×	×	0	异步置 1
1	1	0	0	0	0	保持
1	1	0	0	1	1	$Q^{n+1}=Q^n$

（续）

$\overline{R}$	$\overline{S}$	J	K	Q^n	Q^{n+1}	说明
1	1	0	1	0	0	清0
1	1	0	1	1	0	$Q^{n+1}=0$
1	1	1	0	0	1	置1
1	1	1	0	1	1	$Q^{n+1}=1$
1	1	1	1	0	1	计数
1	1	1	1	1	0	$Q^{n+1}=\overline{Q^n}$

（3）几点说明

1）Q 和 $\overline{Q}$：两者为互补输出端。通常把 $Q=0$、$\overline{Q}=1$ 的状态定为触发器“0”状态，而把 $Q=1$，$\overline{Q}=0$ 定为“1”状态。

2）Q^n和 Q^{n+1}：两者都是 Q 端的输出。假设时钟脉冲作用之前的时刻为 T_n，此时 Q 端的输出即为 Q^n；时钟脉冲作用之后的时刻为 T_{n+1}，此时 Q 端的输出即为 Q^{n+1}。

3）异步置位端 $\overline{S}_D$和异步复位端 $\overline{R}_D$：Q^n的状态可由异步置位端 $\overline{S}_D$和异步复位端 $\overline{R}_D$直接实现，其优先级高于 CP、J、K 端的输入信号。异步置位或异步复位后，应将 $\overline{S}_D$和 $\overline{R}_D$恢复到高电平输入状态，只有这样触发器才能在时钟脉冲 CP 和数据输入 J、K 的作用下，进入正常工作状态。

（4）触发器之间的相互转换　在集成触发器的产品中，每一种触发器都有自己固定的逻辑功能。但是，可以通过转换的方法获得具有其他功能的触发器。例如，将 JK 触发器的 J、K 两端连在一起，并确定它为 T 端，就得到所需的 T 触发器。如图 3-25 所示，T 触发器的状态方程为

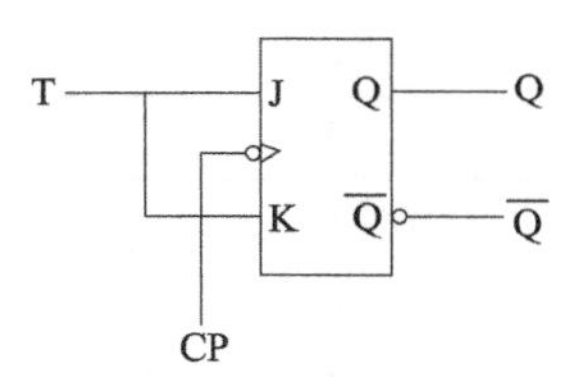

图 3-25　JK 触发器转换为 T 触发器

$$Q^{n+1} = T\overline{Q}^n + \overline{T}Q^n$$

由状态方程可见，当 $T=0$ 时，时钟脉冲作用后，其状态保持不变；当 $T=1$ 时，时钟脉冲作用后，触发器状态翻转。因此，若将 T 触发器的 T 端置“1”，在 CP 端每来一个 CP 脉冲信号，触发器的状态就翻转一次，故称之为反转触发器，广泛用于计数电路中。

4. 实验内容

1）测试双 JK 触发器的复位、置位功能，将数据记录到表 3-10 中。JK 触发器 74LS112 的引脚排列如图 3-24 所示。JK 触发器 74LS112 的 16 引脚接电源（+5V）线，8 引脚接地线，复位端 $1\overline{R}_D$、置位端 $1\overline{S}_D$（或者 $2\overline{R}_D$、$2\overline{S}_D$）接逻辑电平开关，输出 Q 和 $\overline{Q}$ 接逻辑电平显示器。接通电源，进行测试，对应结果填入表 3-10 中。

2）测试 JK 触发器的逻辑功能。74LS112 含有两个 JK 触发器，选用其中一个，16 引脚接电源（+5V）线，8 引脚接地线，复位端 $1\overline{R}_D$、置位端 $1\overline{S}_D$（或者 $2\overline{R}_D$、$2\overline{S}_D$）接逻辑电平开关，1J、1K（或者 2J、2K）接逻辑电平开关，CP 按单次脉冲，输出 Q 接逻辑电平显示器。接通电源，进行测试，测逻辑功能，结果填入表 3-11 中。

注意：Q^n的状态是由异步置位端 $\overline{S}_D$和异步复位端 $\overline{R}_D$ 实现的，置位或复位后，应将 $\overline{S}_D$或

$\overline{R}_D$ 恢复到高电平状态，即无效状态。

5. 实验数据

1）测试双 JK 触发器 74LS112 的复位、置位功能，数据记录到表格 3-10 中。

表 3-10 输出 Q 和 $\overline{Q}$ 接逻辑电平显示结果

输　入		输　出	
$\overline{R}_D$	$\overline{S}_D$	Q	$\overline{Q}$
0	1		
1	0		
1	1		
0	0		

2）测试 JK 触发器的逻辑功能，结果填入表 3-11 中。

表 3-11 JK 触发器的逻辑功能测试结果

Q^n	J	K	Q^{n+1}
0	0	0	
0	0	1	
0	1	0	
0	1	1	
1	0	0	
1	0	1	
1	1	0	
1	1	1	

6. 仿真电路

1）按照前面讲述的步骤设置仿真环境。

2）JK 触发器 74LS112 的逻辑功能仿真图如图 3-26 所示，其波形图如图 3-27 所示。

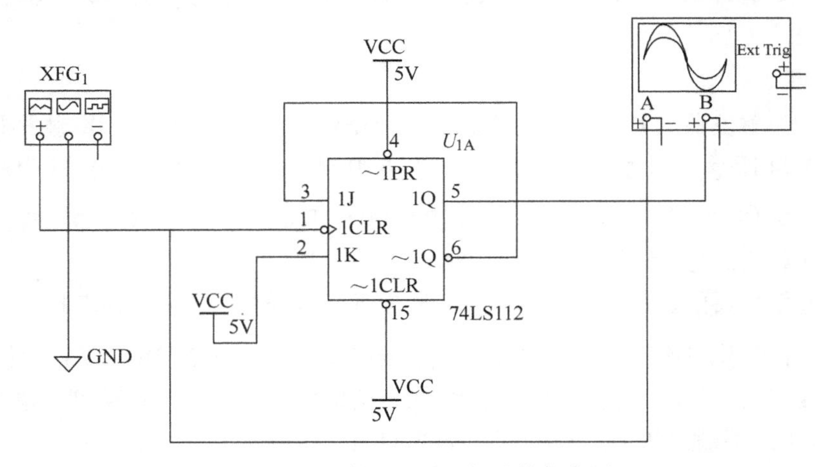

图 3-26 JK 触发器的逻辑功能仿真图

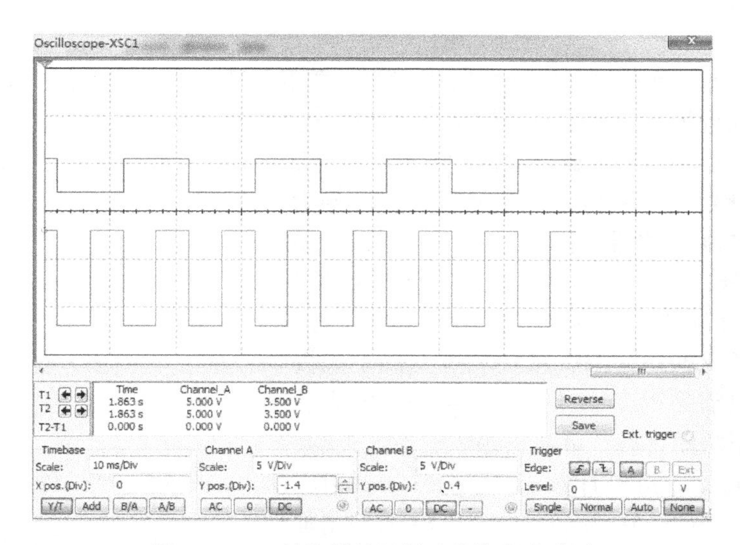

图 3-27　JK 触发器的逻辑功能仿真波形图

$Q^{n+1}=J\overline{Q}^n+\overline{K}Q^n$，因为 K=1，$J=\overline{Q}^n$，所以 $Q^{n+1}=J\overline{Q}^n+\overline{K}Q^n=Q^{n+1}=\overline{Q}^n\ \overline{Q}^n+0*Q^n=\overline{Q}^n$

打开 Multisim 软件，创建 JK 触发器的逻辑功能仿真电路，将 $1\overline{R}_D$ 接高电平或+5V，并将 $1\overline{S}_D$ 接高电平或+5V，将 1K 接高电平或+5V，并将 1J 接输出 $1\overline{Q}$。输入脉冲信号 1CLK 接虚拟脉冲信号发生器，输出 Y 接虚拟示波器。仿真测试结果填入表 3-12 中。

表 3-12　仿真测试结果

脉冲	$\overline{Q}^n$	Q^{n+1}
下降沿	0	
下降沿	1	

7. 扩展实验——乒乓球练习电路

电路的功能要求：模拟两名运动员在练球时，乒乓球能往返运转。

提示：采用双 D 触发器 74LS74 设计实验电路，两个 CP 端触发脉冲分别由两名运动员操作，两个触发器的输出状态用逻辑电平显示器显示。

3.5　时序逻辑电路

1. 实验目的

1）熟悉中规模集成电路计数器 74LS161 的逻辑功能、使用方法及应用。

2）掌握构成任意进制计数器的方法。

2. 实验设备及器件

1）数字逻辑电路实验箱。

2）74LS161 同步加法二进制计数器。

3）74LS00 二输入四“与非”门。

3. 实验原理

计数器是一个用以实现计数功能的时序部件，它不仅可用来计脉冲数，还常用于数字系统的定时、分频和执行数字运算以及其他特定的逻辑功能。

计数器的种类很多，按构成计数器的各触发器是否使用一个时钟脉冲源来划分，可分为同步计数器和异步计数器；根据计数制的不同，可分为二进制计数器、十进制计数器和任意进制计数器；根据计数的增减趋势划分，又分为加法、减法和可逆计数器；还有可预置数和可编程序功能计数器等。目前，无论TTL还是CMOS集成电路，都有品种较齐全的中规模集成计数器。用户只需借助于器件手册提供的功能表和工作波形图以及引出端的排列，就能正确地运用这些器件。

（1）中规模同步二进制计数器74LS161　其引脚排列如图3-28所示，74LS161为十六进制四位二进制加法计数器，异步清零，同步置数，功能表见表3-13。

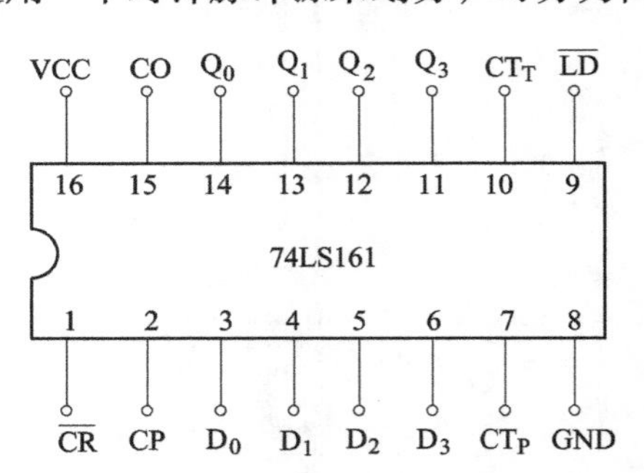

图3-28　74LS161引脚排列

表3-13　二进制计数器74LS161功能表

输入				输出
CP	$\overline{CR}$ $\overline{LD}$ CT_p CT_T		D_3 D_2 D_1 D_0	Q_3 Q_2 Q_1 Q_0
×	0 × × ×		× × × ×	0 0 0 0
↑	1 0 × ×		D C B A	D C B A
×	1 1 0 ×		× × × ×	保持
×	1 1 × 0		× × × ×	保持
↑	1 1 1 1		× × × ×	计数

（2）集成计数器构成任意进制计数器

1）直接清零法。直接清零法是利用芯片的复位端和“与非”门，将N所对应的输出二进制代码中等于“1”的输出端，通过“与非”门反馈到集成芯片的复位端，使输出回零。

2）预置数法。利用的是芯片的预置控制端和预置输入端$D_3D_2D_1D_0$，因为是同步预置数端，所以只能采用N-1值反馈法。

（3）进位输出置最小数法　进位输出置最小数法是利用芯片的预置控制端和进位输出端CO，将CO端输出经“非”门送到输入端，令预置输入端$D_3D_2D_1D_0$输入最小数M对应的二进制数，最小数$M = 24 - N$。

（4）级联法　一片74LS161可构成从二进制到十六进制之间任意进制的计数器。利用两片74LS161，就可构成从二进制到二百五十六进制之间任意进制的计数器。依此类推，可根据计数需要选取芯片数量。当计数器容量需要采用两块或更多的同步集成计数器芯片时，可以采用级联方法将低位芯片的进位输出端CO端和高位芯片的计数控制端CTT或CTP直接连接，外部计数脉冲同时从每片芯片的CP端输入，再根据要求选取上述三种实现任意进制的方法之一，完成对应电路。

4. 实验内容

（1）测试的逻辑功能　接线图如图3-29所示。计数器74LS161的16引脚接电源（+5V）

线，8引脚接地线，异步清零端 $\overline{CR}$、预置数控制端 $\overline{LD}$、计数使能控制 CT_p、CT_T 接逻辑电平开关高电平，CP 接脉冲信号，输出 Q_3、Q_2、Q_1、Q_0 接输出逻辑电平显示。接通电源，进行测试，CP 端输入一次脉冲，计数器的输出值增加1，将结果记录在表3-14中。

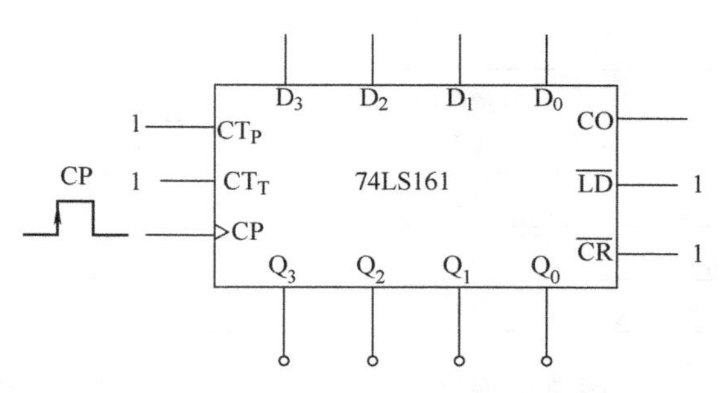

图3-29 74LS161计数器

（2）构成十进制计数器 用清零法将74LS161构成一个十进制计数器。参考图3-30所示搭接电路，观察 $Q_3\ Q_2\ Q_1\ Q_0$ 显示状态，并记录结果于表3-15中，画出状态转换图，如图3-31所示。

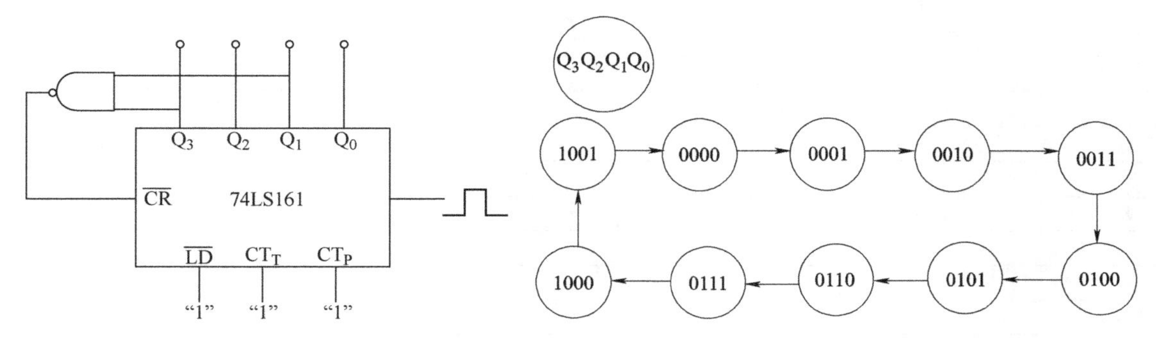

图3-30 74LS161构成十进制计数器

图3-31 十进制计数器状态转换图

5. 实验数据

1）测试74LS161的逻辑功能，用数码管显示，并记录结果于表3-14中。

表3-14 74LS161的逻辑功能测试记录

计数脉冲 CP	计数逻辑状态 Q_3 Q_2 Q_1 Q_0
0	
1	
2	
3	
4	
5	
6	
7	
8	
9	
10	
11	
12	

（续）

计数脉冲 CP	计数逻辑状态
	Q_3　Q_2　Q_1　Q_0
13	
14	
15	

2）用清零法将 74LS161 构成一个十进制计数器，观察 Q_3 Q_2 Q_1 Q_0 显示状态，并记录结果于表 3-15 中。

表 3-15　74LS161 构成十进制计数器测试记录

计数脉冲 CP	计数逻辑状态
	Q_3　Q_2　Q_1　Q_0
0	
1	
2	
3	
4	
5	
6	
7	
8	
9	
10	

6. 仿真电路

1）按前面讲述的步骤设置仿真环境。

2）使用 Multisim 验证 74LS161 计数功能（见图 3-32），用数码管显示，并记录结果于表 3-16 中。

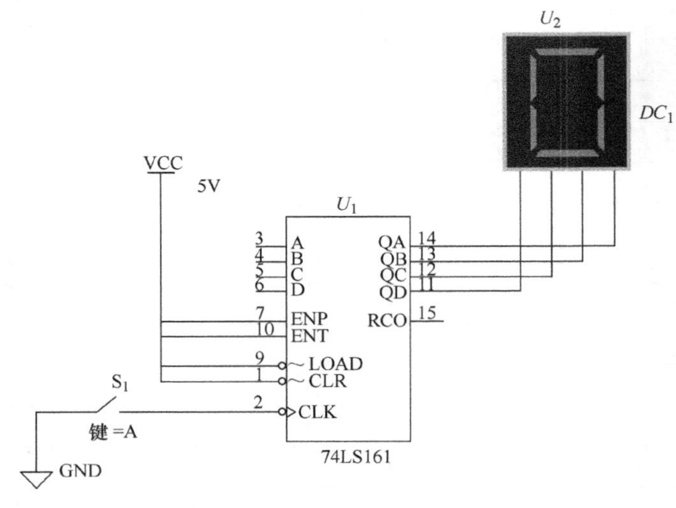

图 3-32　使用 Multisim 验证 74LS161 计数功能

表 3-16　74LS161 计数功能仿真结果

计数脉冲 CP	计数逻辑状态 数码管显示
0	
1	
2	
3	
4	
5	
6	
7	
8	
9	
10	
11	
12	
13	
14	
15	

3）清零法将 74LS161 完成十进制计数器电路（见图 3-33），观察 Q_3 Q_2 Q_1 Q_0 显示状态，并记录结果于表 3-15 中。

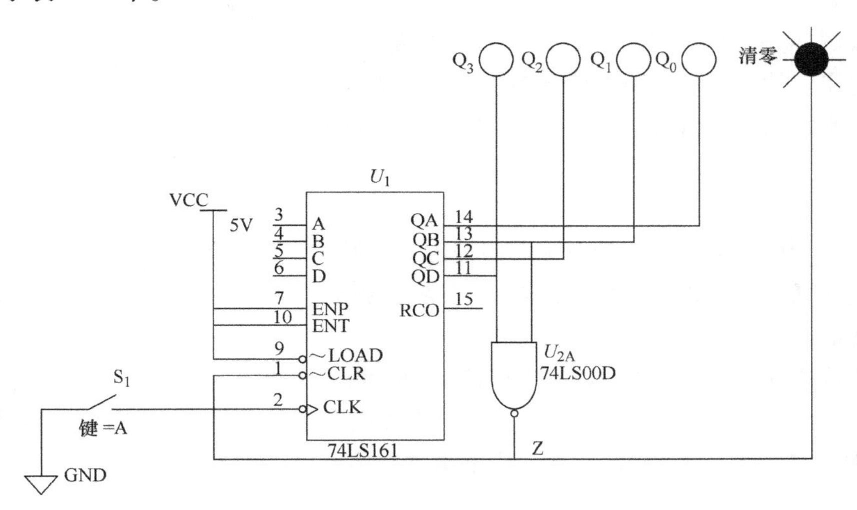

图 3-33　用清零法将 74LS161 接成十进制计数器

3.6　555 定时器及其应用

1. 实验目的

学习用 555 定时器构成方波发生器。

2. 实验设备

1）双踪示波器。

2）数电模电综合实验箱。

3）数字式万用表。

4）555 集成电路。

3. 实验原理

555 定时器是一种双极型中规模集成电路器件，其引脚排列如图 3-34 所示。在该电路外部另接简单 *RC* 电路即可构成多谐、单稳、施密特触发器，还可以构成基本 *RC* 触发器等。由于 555 定时器芯片外围电路连接形式不同，所以有三种不同的工作模式。

1）单稳态模式构成单稳态触发器，用于定时延时整形及一些定时开关中。

2）双稳态模式构成施密特触发器，用于 TTL 系统的接口、整形电路、波形变换以及脉冲鉴幅等。

3）无稳态模式构成多谐振荡器，组成信号产生电路。

555 应用电路采用这三种方式中的一种或多种组合起来可以组成各种实用的电子电路，如定时器、分频器、元器件参数和电路检测电路、玩具游戏机电路、音响报警电路、电源交换电路、频率变换电路、自动控制电路、波形的产生与整形等。555 定时器是目前应用广泛、灵活而又价廉的器件。

555 定时器采用双列直插式封装形式，共有 8 个引脚，如图 3-34 所示。各引脚的功能分别介绍如下：

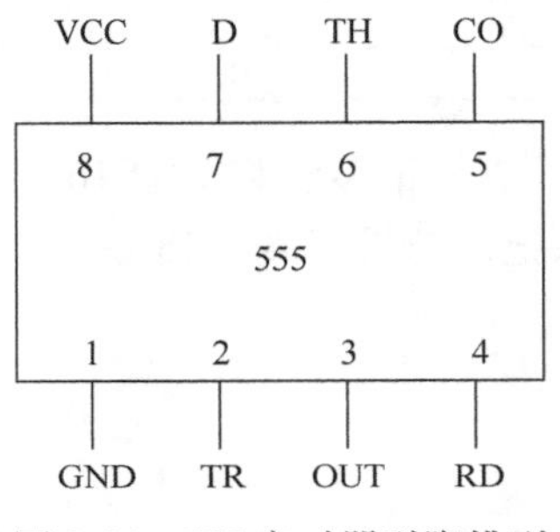

图 3-34　555 定时器引脚排列

① 1 脚为接地端。

② 2 脚为低电平触发端。当 CO 端不外接电源，且此端电位（V_{CO}）小于 VCC 端电位 V_{CC}的 1/3 时，电压比较器输出低电平，反之输出高电平。注意：2 脚和 6 脚是互补的，2 脚只对低电平起作用，高电平对它不起作用，即电压小于 $V_{CC}/3$，此时 3 脚输出高电平。

③ 3 脚为输出端。

④ 4 脚为复位端。此端输入低电平可使输出端为低电平，正常工作时应接高电平。

⑤ 5 脚为电压控制端 CO。此端外接一个参考电源时，可以改变上、下两比较器的参考电平值，无输入时，$V_{CO}=2V_{CC}/3$。

⑥ 6 脚为高电平触发端。当 CO 端不外接参考电源，且此端电位高于 $2V_{CC}/3$ 时，电压比较器输出低电平，反之输出高电平。注意：6 脚只对高电平起作用，低电平对它不起作用，即输入电压大于 $2V_{CC}/3$，称高触发端，3 脚输出低电平，但有一个先决条件，即 2 脚电位必须大于 $V_{CC}/3$ 时才有效。

⑦ 7 脚为放电端。需要说明的是，与 3 脚输出同步，输出电平一致，但 7 脚并不输出电流，所以 3 脚称为实高（或低）、7 脚称为虚高。当晶体管导通时，外电路电容上的电荷可以通过它释放。该端也可以作为集电极开路输出端。

⑧ 8 脚为电源端。

555 定时器的逻辑功能见表 3-17。

表 3-17　555 定时器的逻辑功能

输　入			输　出	
V_{TH}	V_{TR}	$\overline{R_D}$	V_o	T_D状态
×	×	0	0	导通
$>2V_{CC}/3$	$>1V_{CC}/3$	1	0	导通

（续）

输入			输出	
V_{TH}	V_{TR}	$\overline{R_D}$	V_o	T_D状态
<$2V_{CC}/3$	<$1V_{CC}/3$	1	1	截止
<$2V_{CC}/3$	>$1V_{CC}/3$	1	不变	不变

4. 实验内容

（1）学习用555定时器构成方波发生器

1）在实验箱上搭建555定时器构成方波发生器，如图3-35所示，示波器接输出V_o。

2）接通电源后，假定是高电平，则晶体管截止，电容C充电。充电回路是VCC—R_1—R_2—C—GND，按指数规律上升，当引脚6电压上升到$2V_{CC}/3$时（TH端电平大于$2V_{CC}/3$），输出翻转为低电平。如是低电平，晶体管导通，C放电，放电回路为C—R_2—T—GND，按指数规律下降，当引脚6电压下降到$V_{CC}/3$时（TH端电平小于$V_{CC}1/3$），输出翻转为高电平，放电管截止，电容再次充电，如此周而复始，产生振荡，观察图3-32的实验波形。

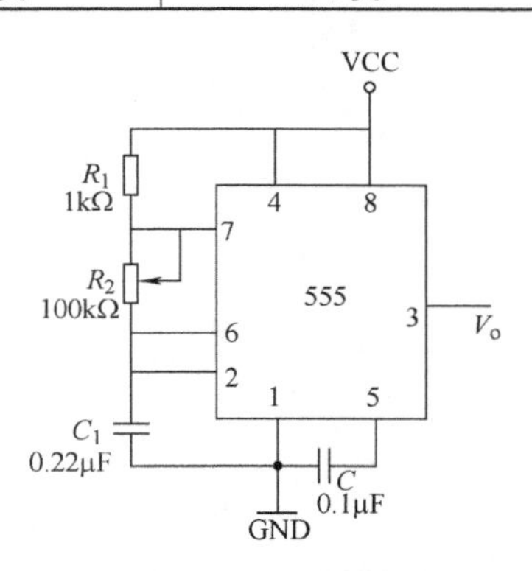

图3-35 555定时器构成方波发生器

充电时间为

$$t_1 = (R_1 + R_2)CLn2 = 0.7(R_1 + R_2)C$$

放电时间为

$$t_2 = R_2CLn2 = 0.7R_2C$$

振荡频率为

$$f = \frac{1}{t_1 + t_2} \approx \frac{1.44}{(R_1 + 2R_2)C}$$

（2）用555定时器构成双态笛音电路　如图3-36所示，该电路属于两级多谐振荡器，第一级的工作频率由R_1、R_2和C_1决定，$f_1 \approx 1.43/[(R_1 + 2R_2)C_1]$。第二级的振荡频率由$R_3$、$R_4$、$C_2$决定，并且受$V_{O1}$控制，$f_2 \approx 1.43/[(R_3 + 2R_4)C_2]$，$f_2 \approx$700Hz~10kHz，由$R_4$调节。$V_{O2}$的输出可推动扬声器发出断续笛音。调节$R_4$可改变间歇脉冲的个数。用示波器观察波形与理论波形进行比较，并调节R_4，观察间歇脉冲的改变。

5. 实验数据

1）记录图3-35所示的实验波形。

2）记录图3-36所示的实验波形。

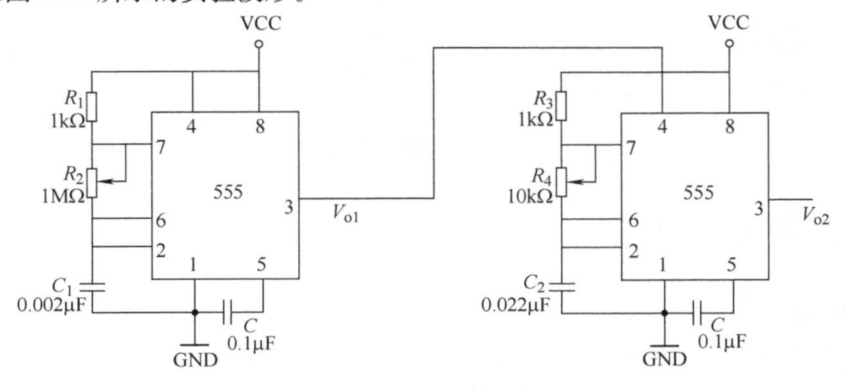

图3-36 用555定时器构成的双态笛音电路

6. 仿真电路

1）按前面讲述的步骤设置仿真环境。

2）555 定时器构成方波发生器仿真图如图 3-37 所示，波形图如图 3-38 所示。

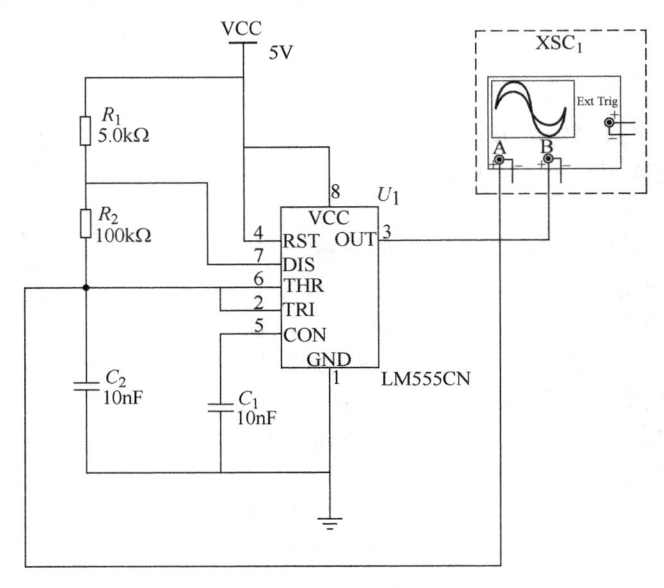

图 3-37 用 555 定时器组成的方波发生器

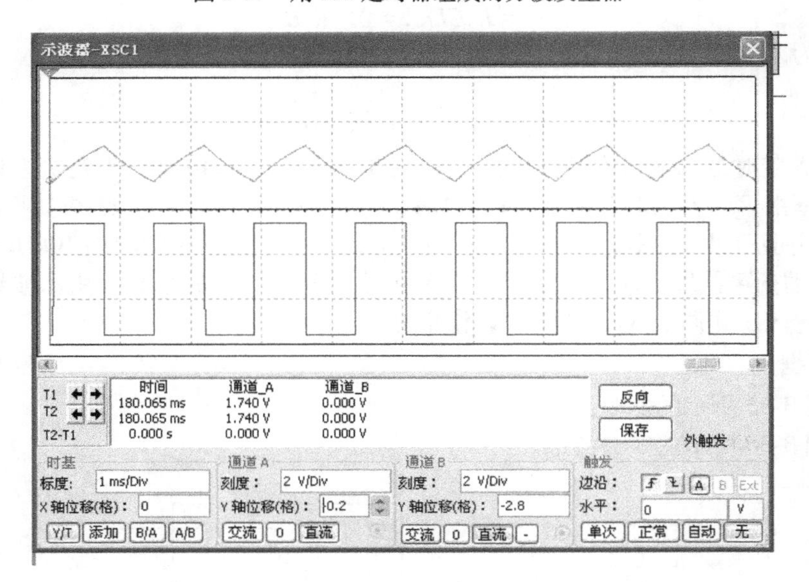

图 3-38 用 555 定时器组成的方波发生器仿真波形

3.7 移位寄存器及其应用

1. 实验目的

1）掌握中规模 4 位双向移位寄存器的逻辑功能及使用方法。

2）熟悉移位寄存器的应用，实现数据的串行、并行转换和构成环形计数器。

2. 实验设备及器件

1）+5V 直流电源。

2）单次脉冲源。

3）逻辑电平开关。

4）辑电平显示器。

5）CC40194×2（74LS194）、CC4011（74LS00）和 CC4068（74LS30）。

3. 实验原理

（1）移位寄存器的工作原理　移位寄存器是一个具有移位功能的寄存器，是指寄存器中所存储的代码能够在移位脉冲的作用下依次左移或右移。既能左移又能右移的移位寄存器称为双向移位寄存器，只需改变左、右移的控制信号便可实现双向移位要求。根据移位寄存器存取信息的方式不同分为串入串出、串入并出、并入串出和并入并出四种形式。

这里选用的 4 位双向通用移位寄存器，型号为 CC40194（74LS194），两者功能相同，可互换使用。CC40194 的逻辑符号及引脚排列如图 3-36 所示。

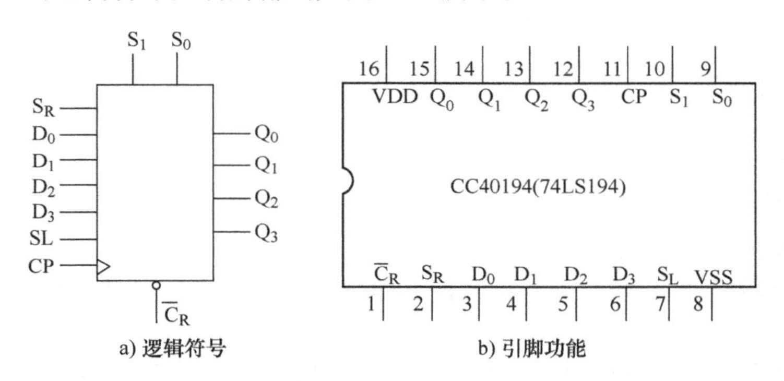

图 3-39　CC40194 的逻辑符号及引脚功能

其中 D_0、D_1、D_2、D_3 为并行输入端，Q_0、Q_1、Q_2、Q_3 为并行输出端，S_R为右移串行输入端，S_L为左移串行输入端，S_1、S_0为操作模式控制端，$\overline{C}_R$ 为直接无条件清零端；CP 为时钟脉冲输入端。

CC40194 有 5 种不同的操作模式，即并行送数、右移（方向由 $Q_0 \rightarrow Q_3$）、左移（方向由 $Q_3 \rightarrow Q_0$）、保持和清零。

S_1、S_0 和 $\overline{C}_R$ 端的控制作用见表 3-18。

表 3-18　移位寄存器的控制作用

功能	输入										输出			
	CP	$\overline{C}_R$	S_1	S_0	S_R	S_L	D_0	D_1	D_2	D_3	Q_0	Q_1	Q_2	Q_3
清零	×	0	×	×	×	×	×	×	×	×	0	0	0	0
送数	↑	1	1	1	×	×	a	b	c	d	a	b	c	d
右移	↑	1	0	1	D_{SR}	×	×	×	×	×	D_{SR}	Q_0	Q_1	Q_2
左移	↑	1	1	0	×	D_{SL}	×	×	×	×	Q_1	Q_2	Q_3	D_{SL}
保持	↑	1	0	0	×	×	×	×	×	×	Q_0^n	Q_1^n	Q_2^n	Q_3^n
保持	↓	1	×	×	×	×	×	×	×	×	Q_0^n	Q_1^n	Q_2^n	Q_3^n

(2) 移位寄存器的应用　移位寄存器应用很广，可构成移位寄存器型计数器、顺序脉冲发生器、串行累加器，可用作数据转换，即把串行数据转换为并行数据，或把并行数据转换为串行数据等。本实验研究移位寄存器用作环形计数器和数据的串、并行转换。

1）环形计数器。把移位寄存器的输出反馈到它的串行输入端，就可以进行循环移位。如图 3-40 所示，把输出端 Q_3 和右移串行输入端 S_R 相连接，设初始状态 $Q_0Q_1Q_2Q_3=1000$，则在时钟脉冲 CP 作用下 $Q_0Q_1Q_2Q_3$ 将依次变为 0100→0010→0001→1000→……，见表 3-19。这是一个具有四个有效状态的计数器，这种类型的计数器通常称为环形计数器。图 3-40 所示电路可以由各个输出端输出在时间上有先后顺序的脉冲，因此可作为顺序脉冲发生器。

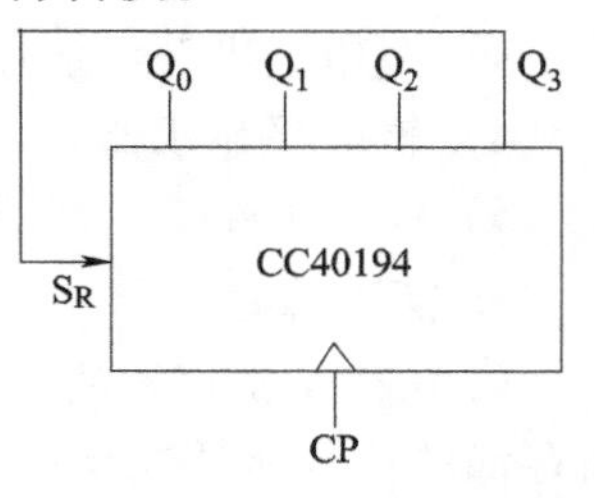

图 3-40　环形计数器

表 3-19　环形计数器循环移位

CP	Q_0	Q_1	Q_2	Q_3
0	1	0	0	0
1	0	1	0	0
2	0	0	1	0
3	0	0	0	1

如果将输出 Q_0 与左移串行输入端 S_L 相连接，即可左移循环移位。

2）实现数据串行/并行转换。

① 串行/并行转换器。串行/并行转换是指串行输入的数码，经转换电路之后变换成并行输出。

图 3-41 是用两片 CC40194 四位双向移位寄存器组成的七位串行/并行数据转换电路。

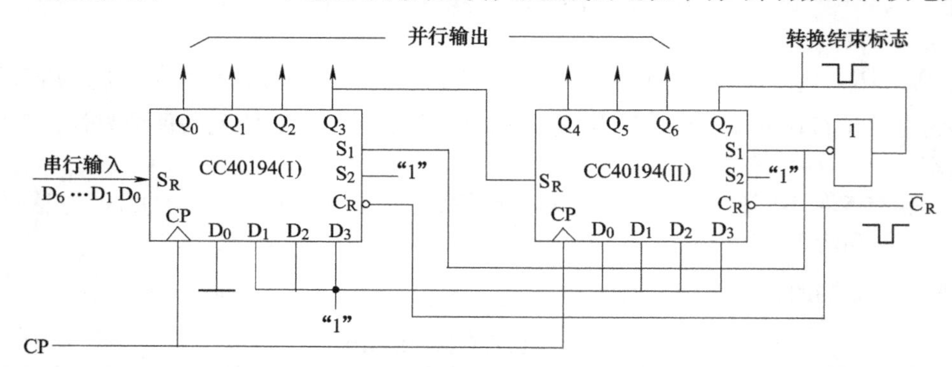

图 3-41　七位串行/并行转换器

电路中 S_0 端接高电平 1，S_1 受 Q_7 控制，两片寄存器连接成串行输入右移工作模式。Q_7 是转换结束标志。当 $Q_7=1$ 时，S_1 为 0，使之成为 $S_1S_0=01$ 的串入右移工作方式，当 $Q_7=0$ 时，$S_1=1$，有 $S_1S_0=10$，则串行送数结束，标志着串行输入的数据已转换成并行输出了。

串行/并行转换的具体过程是：转换前，$\overline{C}_R$ 端加低电平，使 CC40194（Ⅰ）、CC40194（Ⅱ）两片寄存器的内容清零，此时 $S_1S_0=11$，寄存器执行并行输入工作方式。当第一个 CP 脉冲到来后，寄存器的输出状态 $Q_0\sim Q_7$ 为 01111111，与此同时 S_1S_0 变为 01，转换电路变为执行串入右移工作方式，串行输入数据由 I 片的 S_R 端加入。随着 CP 脉冲的依次加入，输出状态的变化见表 3-20。

表 3-20 数据串、并行转换

CP	Q_0	Q_1	Q_2	Q_3	Q_4	Q_5	Q_6	Q_7	说明
0	0	0	0	0	0	0	0	0	清零
1	0	1	1	1	1	1	1	1	送数
2	D_0	0	1	1	1	1	1	1	右移操作7次
3	D_1	D_0	0	1	1	1	1	1	
4	D_2	D_1	D_0	0	1	1	1	1	
5	D_3	D_2	D_1	D_0	0	1	1	1	
6	D_4	D_3	D_2	D_1	D_0	0	1	1	
7	D_5	D_4	D_3	D_2	D_1	D_0	0	1	
8	D_6	D_5	D_4	D_3	D_2	D_1	D_0	0	
9	0	1	1	1	1	1	1	1	送数

由表 3-20 可见，右移操作 7 次之后，Q_7变为 0，S_1S_0 又变为 11，说明串行输入结束。这时，串行输入的数码已经转换成了并行输出了。

当再来一个 CP 脉冲时，电路又重新执行一次并行输入，为第二组串行数码转换做好了准备。

② 并行/串行转换器。并行/串行转换器是指并行输入的数码经转换电路之后，换成串行输出。

图 3-42 所示电路是用两片 CC40194 组成的七位并行/串行转换电路，它比图 3-41 所示电路多了两个与非门 G_1 和 G_2，电路工作方式同样为右移。

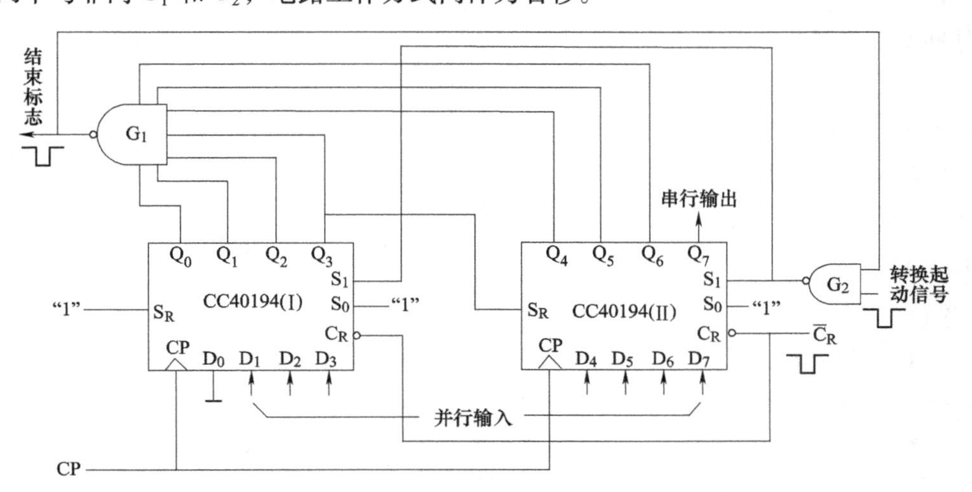

图 3-42 七位并行/串行转换器

寄存器清“0”后，加一个转换起动信号（负脉冲或低电平）。此时，由于方式控制 S_1S_0 为 11，转换电路执行并行输入操作。当第一个 CP 脉冲到来后，$Q_0Q_1Q_2Q_3Q_4Q_5Q_6Q_7$的状态为 $0D_1D_2D_3D_4D_5D_6D_7$，并行输入数码存入寄存器，从而使得 G_1 输出为 1，G_2 输出为 0。结果，

S_1S_2 变为 01，转换电路随着 CP 脉冲的加入，开始执行右移串行输出，随着 CP 脉冲的依次加入，输出状态依次右移，待右移操作 7 次后，Q_0 ~ Q_6的状态都为高电平 1，"与非"门 G_1 输出为低电平，G_2 输出为高电平，见 S_1S_2 又变为 11，表示并行/串行转换结束，为第二次并行输入创造了条件。转换过程见表 3-21。

表 3-21　转换过程

CP	Q_0	Q_1	Q_2	Q_3	Q_4	Q_5	Q_6	Q_7	串行输出						
0	0	0	0	0	0	0	0	0							
1	0	D_1	D_2	D_3	D_4	D_5	D_6	D_7							
2	1	0	D_1	D_2	D_3	D_4	D_5	D_6	D_7						
3	1	1	0	D_1	D_2	D_3	D_4	D_5	D_6	D_7					
4	1	1	1	0	D_1	D_2	D_3	D_4	D_5	D_6	D_7				
5	1	1	1	1	0	D_1	D_2	D_3	D_4	D_5	D_6	D_7			
6	1	1	1	1	1	0	D_1	D_2	D_3	D_4	D_5	D_6	D_7		
7	1	1	1	1	1	1	0	D_1	D_2	D_3	D_4	D_5	D_6	D_7	
8	1	1	1	1	1	1	1	0	D_1	D_2	D_3	D_4	D_5	D_6	D_7
9	0	D_1	D_2	D_3	D_4	D_5	D_6	D_7							

中规模集成移位寄存器，其位数往往以 4 位居多，当需要的位数多于 4 位时，可把几片移位寄存器用级连的方法来扩展位数。

4. 实验内容

（1）测试 CC40194（或 74LS194）的逻辑功能　按图 3-43 接线，$\overline{C}_R$、S_1、S_0、S_L、S_R、D_0、D_1、D_2、D_3 分别接至逻辑开关的输出插口；Q_0、Q_1、Q_2、Q_3 接至逻辑电平显示输入插口。CP 端接单次脉冲源。按表 3-22 所规定的输入状态，逐项进行测试。

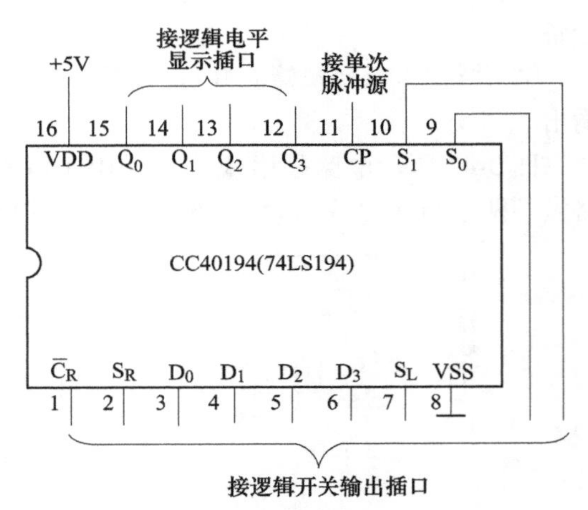

图 3-43　CC40194 逻辑功能测试

具体测试步骤如下：

1）清除：令 $\overline{C}_R=0$，其他输入均为任意态，这时寄存器输出 Q_0、Q_1、Q_2、Q_3 应均为 0。清除后，置 $\overline{C}_R=1$。

2）送数：令 $\overline{C}_R=S_1=S_0=1$，送入任意 4 位二进制数，如 $D_0D_1D_2D_3$=abcd，加 CP 脉冲，观察 CP=0 、CP 由 0→1、CP 由 1→0 三种情况下寄存器输出状态的变化，观察寄存器输出状态变化是否发生在 CP 脉冲的上升沿。

3）右移：清零后，令 $\overline{C}_R=1$，$S_1=0$，$S_0=1$，由右移输入端 S_R 送入二进制数码如 0100，由 CP 端连续加 4 个脉冲，观察输出情况并记录下来。

4）左移：先清零或预置，再令 $\overline{C}_R=1$，$S_1=1$，$S_0=0$，由左移输入端 S_L 送入二进制数码如 1111，连续加四个 CP 脉冲，观察输出端情况并记录下来。

5）保持：寄存器预置任意 4 位二进制数码 abcd，令 $\overline{C}_R=1$，$S_1=S_0=0$，加 CP 脉冲，观察寄存器输出状态，并记录到表 3-22 中。

表 3-22 测试 CC40194（或 74LS194）的逻辑功能

清除	模式		时钟	串行		输入	输出	功能总结
$\overline{C}_R$	S_1	S_0	CP	S_L	S_R	D_0 D_1 D_2 D_3	Q_0 Q_1 Q_2 Q_3	
0	×	×	×	×	×	× × × ×		
1	1	1	↑	×	×	a b c d		
1	0	1	↑	×	0	× × × ×		
1	0	1	↑	×	1	× × × ×		
1	0	1	↑	×	0	× × × ×		
1	0	1	↑	×	0	× × × ×		
1	1	0	↑	1	×	× × × ×		
1	1	0	↑	1	×	× × × ×		
1	1	0	↑	1	×	× × × ×		
1	1	0	↑	1	×	× × × ×		
1	0	0	↑	×	×	× × × ×		

（2）环形计数器　自拟实验线路用并行送数法预置寄存器为某二进制数码（如 0100），然后进行右移循环，观察寄存器输出端状态的变化，记入表 3-23 中。

表 3-23　右移寄存器输出状态变化

CP	Q_0	Q_1	Q_2	Q_3
0	0	1	0	0
1				
2				
3				
4				

（3）实现数据的串行/并行转换

1）串行输入/并行输出。

按图 3-41 所示接线，进行右移串行输入、并行输出实验，串行输入数码自定；改接线路用左移方式实现并行输出。自拟表格并记录下来。

2）并行输入/串行输出。

按图 3-42 所示接线，进行右移并行输入、串行输出实验，并行输入数码自定，再改接线路用左移方式实现串行输出。自拟表格并记录下来。

5. 实验预习要求

1）复习有关寄存器及串行、并行转换器有关内容。

2）查阅 CC40194、CC4011 及 CC4068 逻辑线路，熟悉其逻辑功能及引脚排列。

3）在对 CC40194 进行送数后，若要使输出端改成另外的数码，是否一定要使寄存器清零？

4）使寄存器清零，除采用 $\overline{C}_R$ 输入低电平外，可否采用右移或左移的方法？可否使用并行送数法？若可行，如何进行操作？

5）若进行循环左移，图 3-42 所示接线应如何改接？

6）画出用两片 CC40194 构成的七位左移串行/并行转换器线路。

7）画出用两片 CC40194 构成的七位左移并行/串行转换器线路。

6. 实验报告

1）分析表 3-23 的实验结果，总结移位寄存器 CC40194 的逻辑功能并写入表格功能总结一栏中。

2）根据环形计数器实验内容的结果，画出 4 位环形计数器的状态转换图及波形图。

3）分析串/并、并/串转换器所得结果的正确性。

3.8 组合逻辑电路的设计与测试

1. 实验目的

掌握组合逻辑电路的设计与测试方法。

2. 实验设备与器件

1）+5V 直流电源。

2）逻辑电平开关。

3）逻辑电平显示器。

4）直流数字电压表。

5）CC4011×2（74LS00）、CC4012×3（74LS20）、CC4030（74LS86）、CC4081（74LS08）、74LS54×2（CC4085）和 CC4001（74LS02）。

3. 实验原理

（1）组合逻辑电路设计流程　使用中、小规模集成电路来设计组合电路是最常见的逻辑电路。组合逻辑电路的一般设计步骤如图 3-44 所示。

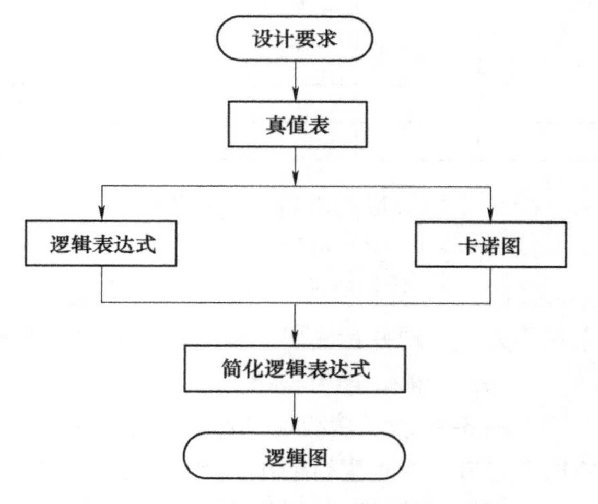

图 3-44　组合逻辑电路的一般设计步骤

根据设计任务的要求建立输入、输出变量，并列出真值表，然后用逻辑代数或卡诺图化简法求出简化的逻辑表达式，并按实际选用逻辑门的类型修改逻辑表达式。根据简化后的逻辑表达式，画出逻辑图，用标准器件构成逻辑电路。最后，用实验来验证设计的正确性。

（2）组合逻辑电路设计举例

1）用"与非"门设计一个表决电路，当四个输入端中有三个或四个为"1"时，输出端才为"1"。

设计步骤：根据题意列出真值表见表 3-24，再填入表 3-25 中。

表 3-24　表决电路真值表

D	0	0	0	0	0	0	0	0	1	1	1	1	1	1	1	1
A	0	0	0	0	1	1	1	1	0	0	0	0	1	1	1	1
B	0	0	1	1	0	0	1	1	0	0	1	1	0	0	1	1
C	0	1	0	1	0	1	0	1	0	1	0	1	0	1	0	1
Z	0	0	0	0	0	0	0	1	0	0	0	1	0	1	1	1

表 3-25 表决电路卡诺图表

BC	DA			
	00	01	11	10
00				
01			1	
11		1	1	1
10			1	

由卡诺图得出逻辑表达式，并演化成“与非”门的形式，即

$$Z=ABC+BCD+ACD+ABD=\overline{\overline{ABC}\cdot\overline{BCD}\cdot\overline{ACD}\cdot\overline{ABC}}$$

根据逻辑表达式画出用“与非”门构成的逻辑电路，如图 3-45 所示。

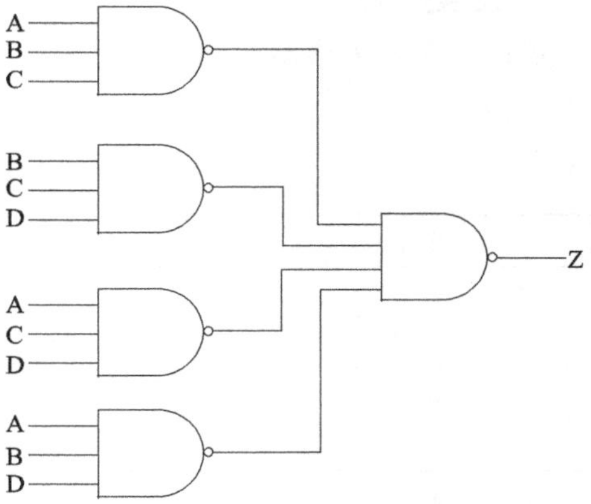

2）用实验验证逻辑功能。在实验装置的适当位置选定三个 14P 插座，按照集成芯片定位标记插好集成电路 CC4012。

按图 3-45 接线，输入端 A、B、C、D 接至逻辑开关输出插口，输出端 Z 接逻辑电平显示输入插口，按真值表要求，逐次改变输入变量，测量相应的输出值，验证逻辑功能，与表 3-24 进行比较，验证所设计的逻辑电路是否符合要求。

图 3-45 表决电路逻辑图

4. 实验内容

设计用“与非”门组成三人表决器电路，规定必须有两人以上同意，方案方可通过。要求按本文所述的设计步骤进行，直到测试电路逻辑功能符合设计要求为止。

三人态度为 A、B、C，且 1 状态代表同意，0 状态代表不同意。表决结果以 Z 表示，且 1 为提案通过，0 为未通过。列真值表见表 3-26。

表 3-26 表决电路实验真值表

输入变量			输出
A	B	C	Z
0	0	0	0
0	0	1	0
0	1	0	0
0	1	1	1
1	0	0	0
1	0	1	1
1	1	0	1
1	1	1	1

写出逻辑表达式，即

$$Z = \overline{A}BC + A\overline{B}C + AB\overline{C} + ABC$$

化简变换成“与非”门形式，即

$$Z = ((AB + AC + BC)')' = ((AB)'(AC)'(BC)')'$$

画出电路接线图，如图 3-46 所示。

依据图 3-46 所示连接电路接线，74LS00“与非”门的 14 引脚接+5V 电源，7 引脚接地线 GND，输入 A、B、C 接逻辑电平开关，输出 Z 接输出电平显示灯，搭接好电路后，改变输入信号 CBA 的状态 000~111，观察记录输出显示情况，把测试结果填入表 3-27 中。

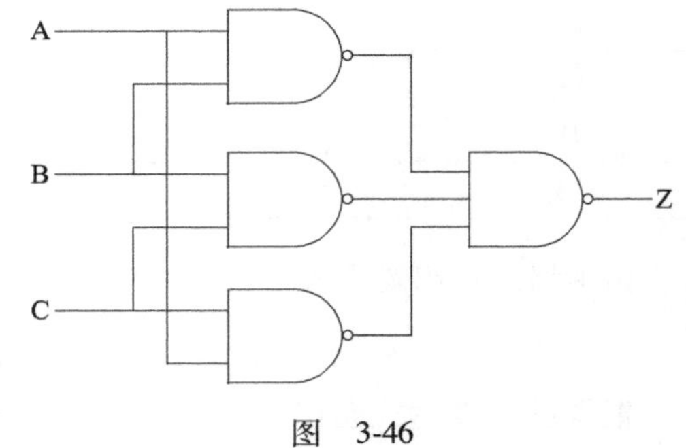

图 3-46

5. 实验数据

观察三人表决器输出显示情况，把测试结果填入表 3-27 中。

表 3-27 三人表决器测试结果

C	B	A	Z
0	0	0	
0	0	1	
0	1	0	
0	1	1	
1	0	0	
1	0	1	
1	1	0	
1	1	1	

6. 实验报告

1）列写实验任务的设计过程，画出设计的电路图。

2）对所设计的电路进行实验测试，记录测试结果。

3）总结组合电路的设计体会。

四路 2—3—3—2 输入与或非门 74LS54 的引脚排列（见图 3-47）、逻辑图（见图 3-48）。

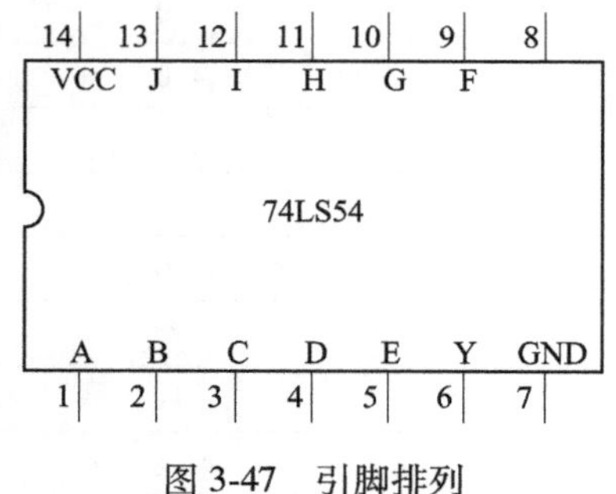

图 3-47 引脚排列

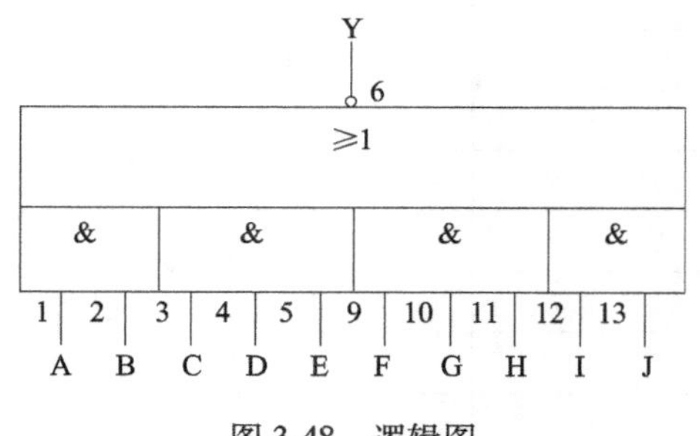

图 3-48 逻辑图

逻辑表达式为

$$Y=\overline{A\cdot B+C\cdot D\cdot E+F\cdot G\cdot H+I\cdot J}$$

7. 扩展实验

1）用两输入“与非”门设计一个三输入（I_0、I_1、I_2）和三个输出（L_0、L_1、L_2）的信号排队电路。它的功能是：当输入 $I_0=1$ 时，无论 I_1 和 I_2 是 0 还是 1，输出 $L_0=1$，L_1 和 L_2 均为 0；当 $I_0=0$ 且 $I_1=1$，无论 I_2 是 0 还是 1，输出 $L_1=1$，其余两输出均为 0；当 $I_2=1$，且 I_0 和 I_1 均为 0 时，输出 $L_2=1$，其余两输出均为 0。

2）旅客列车分为特快、直快和普快，并以此为优先通行次序。某站台在同一时间只能有一趟列车从车站开出，即只能给出一个开车信号，试画出满足上述要求的逻辑电路，要求用“与非”门实现。

3）设计一位全加器，要求用或非门组成。

4）设计一个对两个两位无符号的二进制数进行比较的电路。根据第一个数是否大于、等于或小于第二个数，使相应的三个输出端中的一个输出为“1”，要求用“与”门、“与非”门及“或非”门实现。

3.9　使用门电路产生脉冲信号——自激多谐振荡器

1. 实验目的

1）掌握使用门电路构成脉冲信号产生电路的基本方法。

2）掌握影响输出脉冲波形参数的定时元件数值的计算方法。

3）学习石英晶体稳频原理和使用石英晶体构成振荡器的方法。

2. 实验原理

“与非”门作为一个开关倒相器件，可用以构成产生各种脉冲波形的电路。电路的基本工作原理是利用电容器的充放电，当输入电压达到“与非”门的阈值电压 V_T 时，“与非”门的输出状态会发生变化。因此，电路输出的脉冲波形参数直接取决于电路中阻容元件的数值。

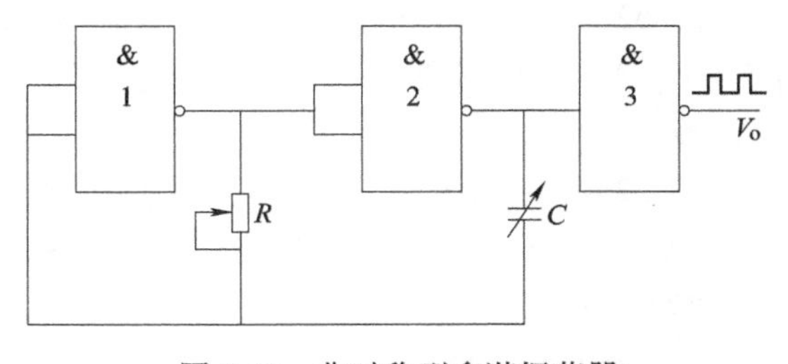

图 3-49　非对称型多谐振荡器

（1）非对称型多谐振荡器　如图 3-49 所示，“与非”门 3 用于输出波形的整形。非对称型多谐振荡器的输出波形是不对称的，当用 TTL“与非”门组成时，输出脉冲的宽度为

$$t_{w1}=RC\quad t_{w2}=1.2RC\quad T=2.2RC$$

调节 R 或 C 的值，可以改变输出信号的振荡频率，通常用改变 C 实现输出频率的粗调，改变电位器 R 可以实现输出频率的细调。

（2）对称型多谐振荡器　如图 3-50 所示，由于电路完全对称，电容器的充放电时间常数相同，故输出为对称方波。改变 R 和 C 的值，可以改变输出振荡频率。“与非”门 3 用于输出波形的整形。

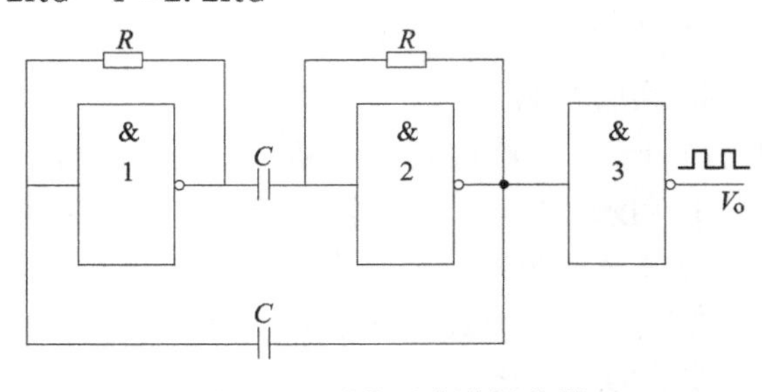

图 3-50　对称型多谐振荡器

一般取 $R \leqslant 1\text{k}\Omega$，当 $R = 1\text{k}\Omega$，$C = 100\text{pF} \sim 100\mu\text{F}$ 时，f 为几赫兹到几兆赫兹，脉冲宽度 $t_{w1} = t_{w2} = 0.7RC$，$T = 1.4RC$。

（3）带 RC 电路的环形振荡器　如图 3-51 所示，“与非”门 4 用于输出波形的整形，R 为限流电阻，一般取 100Ω，电位器 RP 要求不大于 1kΩ。电路利用电容 C 的充放电过程，控制 D 点电压 V_D，从而控制“与非”门的自动启闭，形成多谐振荡，电容 C 的充电时间 t_{w1}、放电时间 t_{w2} 和总的振荡周期 T 分别为

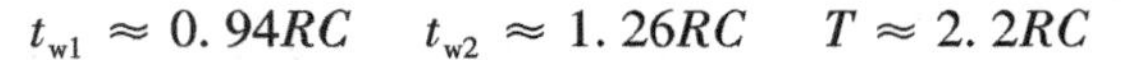

$$t_{w1} \approx 0.94RC \quad t_{w2} \approx 1.26RC \quad T \approx 2.2RC$$

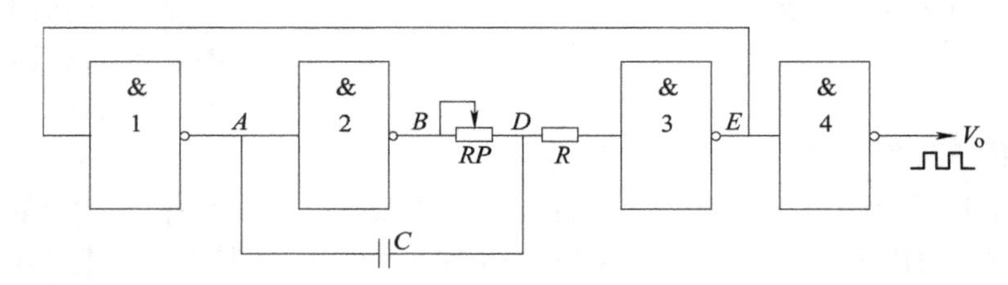

图 3-51　带 RC 电路的环形振荡器

调节 R 和 C 的大小可改变电路输出的振荡频率。

以上这些电路的状态转换都发生在“与非”门输入电平达到门的阈值电平 V_T 的时刻。在 V_T 附近电容器的充放电速度已经缓慢，而且 V_T 本身也不够稳定，易受温度、电源电压变化等因素以及其他干扰因素的影响。因此，电路输出频率的稳定性较差。

（4）石英晶体稳频的多谐振荡器　当要求多谐振荡器的工作频率稳定性很高时，上述几种多谐振荡器的精度已不能满足要求。为此，常用石英晶体作为信号频率的基准。用石英晶体与门电路构成的多谐振荡器常用来为微型计算机等提供时钟信号。

图 3-52 所示为常用的晶体稳频多谐振荡器，图 3-52a、b 为 TTL 器件组成的晶体振荡电路；图 3-52c、d 为 CMOS 器件组成的晶体振荡电路，一般用于电子表中。其中晶体的频率 $f_m = 32768\text{Hz}$。

图 3-52c 中，门 1 用于振荡，门 2 用于缓冲整形。R_f 是反馈电阻，通常在几十兆欧之间选取，一般选 22MΩ。R 起稳定振荡作用，通常取十至几百千欧。C_1 是频率微调电容器，C_2 用于温度特性校正。

3. 实验设备与器件

1）+5V 直流电源。

2）双踪示波器。

3）数字频率计。

4）74LS00（或 CC4011），晶振 32768Hz 和电位器、电阻、电容若干只。

4. 实验内容

1）用 74LS00 按图 3-49 构成多谐振荡器，其中电位器 $R = 10\text{k}\Omega$，$C = 0.01\mu\text{F}$。

① 用示波器观察输出波形及电容 C 两端的电压变化情况，列表记录之。

② 调节电位器，观察输出波形的变化，测出上、下限频率。

③ 用一只 100μF 电容器跨接在 74LS00 的 14 与 7 脚的最近处，观察输出波形的变化及电源的纹波信号变化，并记录下来。

2）用 74LS00 按图 3-50 接线，取 $R = 1\text{k}\Omega$，$C = 0.047\mu\text{F}$，用示波器观察输出波形，并记录

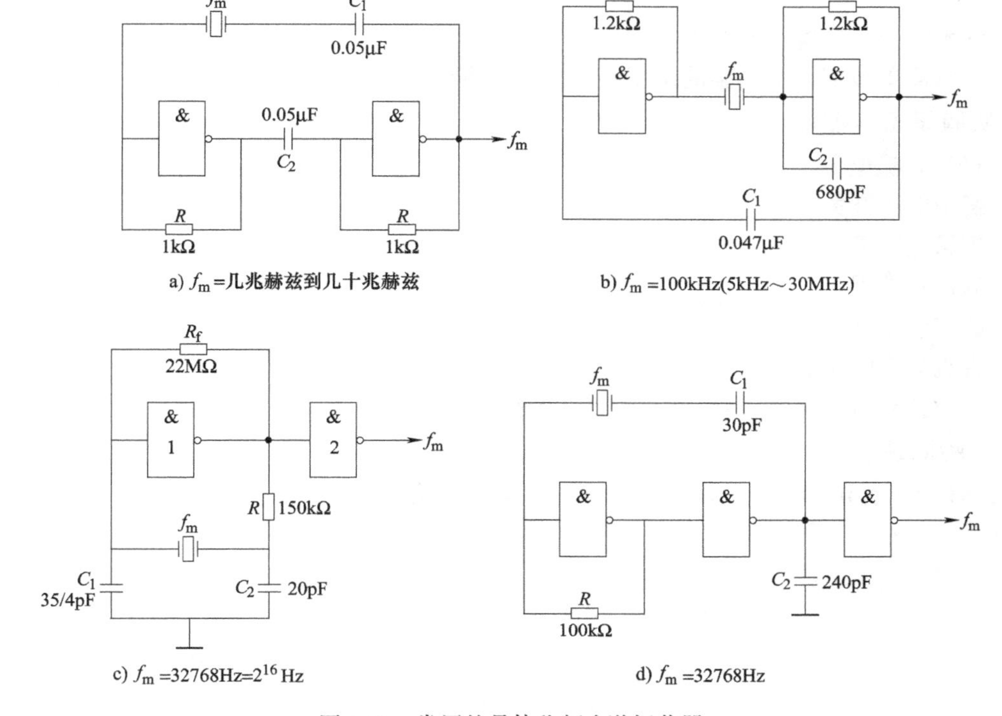

图 3-52　常用的晶体稳频多谐振荡器

下来。

3）用 74LS00 按图 3-51 接线，其中定时电阻 *RP* 用一个 510Ω 与一个 1kΩ 的电位器串联，取 $R=100\Omega$，$C=0.1\mu F$。

① *RP* 调到最大时，观察并记录 *A*、*B*、*C*、*D*、*E* 及 V_o各点电压的波形，测出 V_o的周期 *T* 和负脉冲宽度（电容 *C* 的充电时间）并与理论计算值进行比较。

② 改变 *RP* 值，观察输出信号 V_o波形的变化情况。

4）按图 3-52c 接线，晶振选用电子表晶振 $f_m=32768$Hz，“与非”门选用 CC4011，用示波器观测输出波形，用频率计测量输出信号频率，并记录下来。

5. 实验预习要求

1）复习自激多谐振荡器的工作原理。

2）画出实验用的详细实验线路图。

3）拟定并制作用于记录实验数据的表格。

6. 实验报告

1）画出实验电路，整理实验数据与理论值进行比较。

2）用方格纸画出实验观测到的工作波形图，并对实验结果进行分析。

3.10　数字电路综合实验——智力竞赛抢答装置

1. 实验目的

1）学习数字电路中 D 触发器、分频电路、多谐振荡器和 CP 时钟脉冲源等单元电路的综合运用。

2）熟悉智力竞赛抢答器的工作原理。

3）了解简单数字系统实验的调试及故障排除方法。

2. 实验设备与器件

1）+5V 直流电源。

2）逻辑电平开关。

3）逻辑电平显示器。

4）双踪示波器。

5）数字频率计。

6）直流数字电压表。

7）74LS175、74LS20、74LS74 和 74LS00 若干片。

3. 实验原理

图 3-53 所示为供四人使用的智力竞赛抢答装置电路，用以判断抢答优先权。

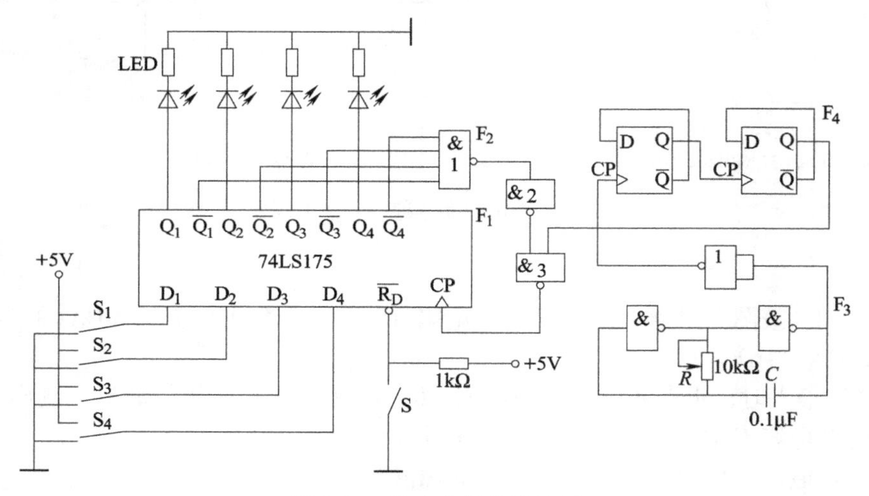

图 3-53　智力竞赛抢答装置

图中 F_1 为四 D 触发器 74LS175，具有公共装置 0 端和公共 CP 端；F_2 为双 4 输入“与非”门 74LS20；F_3 是由 74LS00 组成的多谐振荡器；F_4是由 74LS74 组成的四分频电路；F_3、F_4组成抢答电路中的 CP 时钟脉冲源。抢答开始时，由主持人清除信号，按下复位开关 S，74LS175 的输出 Q_1~Q_4全为 0，所有发光二极管 LED 均熄灭，当主持人宣布“抢答开始”后，首先作出判断的参赛者立即按下开关，对应的发光二极管点亮，同时，通过“与非”门 F_2 送出信号锁住其余三个抢答者的电路，不再接受其他信号，直到主持人再次清除信号为止。

4. 实验内容

1）测试各触发器及各逻辑门的逻辑功能并判断器件的好坏。

2）按图 3-53 接线，抢答器五个开关接实验装置上的逻辑开关、发光二极管接逻辑电平显示器。

3）断开抢答器电路中的 CP 时钟脉冲源电路，单独对多谐振荡器 F_3 及分频器 F_4进行调试，调整多谐振荡器 10kΩ 电位器，使其输出脉冲频率约为 4kHz，观察 F_3 及 F_4输出波形及测试其频率。

4）测试抢答器电路功能。接通+5电源，CP端接实验装置上的连续脉冲源，取重复频率约1kHz。

① 抢答开始前，开关S_1、S_2、S_3、S_4均置“0”，准备抢答，将开关S置“0”，发光二极管全熄灭，再将S置“1”。抢答开始，S_1、S_2、S_3、S_4某一开关置“1”，观察发光二极管的亮、灭情况，然后再将其他三个开关中任一个置“1”，观察发光二极管的亮灭是否改变。

② 重复①的内容，改变S_1、S_2、S_3、S_4任一个开关状态，观察抢答器的工作情况。对应数据记录在表3-28中。

③ 整体测试时，断开实验装置上的连续脉冲源，接入F_3及F_4，再进行实验，观察输出的工作情况。对应数据记录在表3-29。

5. 实验数据

1）在表3-28中记录观察抢答器的输出结果。

表3-28　记录抢答器的输出结果

K_1	K_2	K_3	K_4	Q_1	Q_2	Q_3	Q_4
0	0	0	0				
0	0	0	1				
0	0	1	0				
0	1	0	0				
1	0	0	0				

2）接入F_3及F_4，并在表3-29中记录观察抢答器的输出结果。

表3-29　接入F_3及F_4记录抢答器的输出结果

K_1	K_2	K_3	K_4	Q_1	Q_2	Q_3	Q_4
0	0	0	0				
0	0	0	1				
0	0	1	0				
0	1	0	0				
0	0	1	1				
0	1	0	1				
1	0	0	0				
1	0	0	1				
1	1	1	1				

6. 实验报告

1）分析智力竞赛抢答器装置各部分的功能及工作原理。

2）总结数字系统的设计及调试方法。

3）分析实验中出现的故障及解决方法。

7. 扩展实验

若在图3-53所示电路中加一个计时功能，要求计时电路显示时间精确到秒，最多限制为2min，一旦超出限制，则取消抢答权，电路如何改进？

第 4 章 电子技术实训

4.1 焊接工艺

焊接是将两个或两个以上的工件按一定的形式和位置永久性地连接在一起的过程。焊接质量直接影响着产品的性能。因此，焊接操作是电工的一项基本技能，是考核电工从业人员的主要项目之一。焊接技术主要分为钎焊、熔焊、电阻焊三类。

1. 钎焊

钎焊是一种在已加热的被焊件上直接熔入低于被焊件熔点的钎料，使被焊件与钎料熔为一体并连接固定在一起的焊接技术，即被焊件（母材）不熔化，钎料熔化的焊接技术。常见的钎焊有锡焊、真空钎焊等。其中锡焊在电子产品生产中被大量使用。

2. 熔焊

熔焊是一种加热被焊件，使其熔化产生合金而连接在一起的焊接技术，即直接熔化母材的焊接技术。常见的熔焊有电弧焊、等离子弧焊和气焊等。

3. 电阻焊

电阻焊是一种不用钎料和焊剂，即可获得可靠连接的焊接技术。常见的电阻焊有压接、绕接和穿刺等。

本章重点介绍目前应用比较广泛的锡焊、电弧焊技术。

4.1.1 锡焊

1. 锡焊基本过程

锡焊是在电子产品生产制造过程中使用最为普遍、最为广泛的焊接技术。

锡焊可以使用手工电烙铁焊接或者自动化焊接设备完成。在电子产品的研发阶段、小批量生产或产品维修方面一般采用手工电烙铁进行焊接，而在大批量生产阶段一般采用自动和焊接设备完成。下面详细介绍手工电烙铁锡焊。

（1）锡焊工具　手工电烙铁锡焊中常用的焊接工具是电烙铁，在焊接过程中还需要尖嘴钳、剥线钳和镊子等辅助工具。

电烙铁是锡焊的主要工具，由手柄、电热元件和烙铁头组成。电烙铁从结构上分有内热式和外热式两种，内热式是将电热元件插入铜头空腔内加热，外热式是把铜头插入电热元件内腔加热，如图 4-1 所示。根据电烙铁的功能，电烙铁又可分为恒温式、调温式、双温式和吸锡式等。焊接时可根据焊接对象来选择电烙铁的类型和功率。当焊接集成电路时，可选用 20W 内热式电烙铁；当焊接电子管或体积较大的元器件时，应选用功率较大的外热式电烙铁；有特殊要求时，可根据具体情况而定，一般以恒温式电烙铁为佳。电烙铁功率一般为 20~500W。

焊接时电烙铁的握法有反握法、正握法和握笔法三种，如图 4-2 所示。同时，为了能使焊接牢靠，又不烫伤被焊接的元器件及导线，应根据被焊件的位置、大小及电烙铁的类型、功率大小，选用不同的握法。

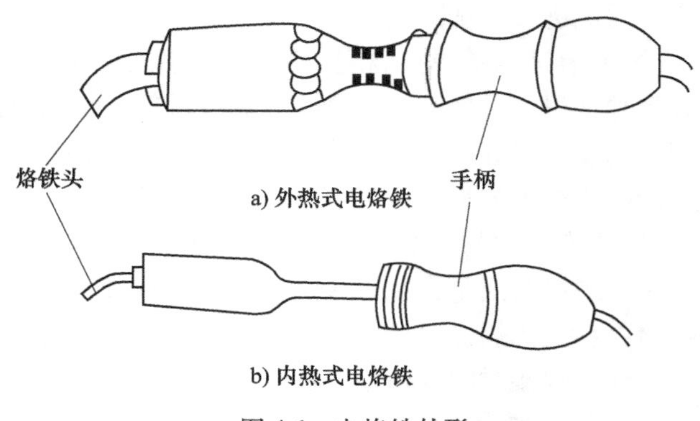

图 4-1　电烙铁外形

1）反握法：如图 4-2a 所示，反握法动作稳定，对被焊件的压力较大，适用于大功率电烙铁，焊接较大的焊件。

2）正握法：如图 4-2b 所示，正握法适用于中功率的电烙铁及带弯头的电烙铁。

3）握笔法：如图 4-2c 所示，握笔法适用于小功率的电烙铁焊接印制电路板（PCB）上的元器件。

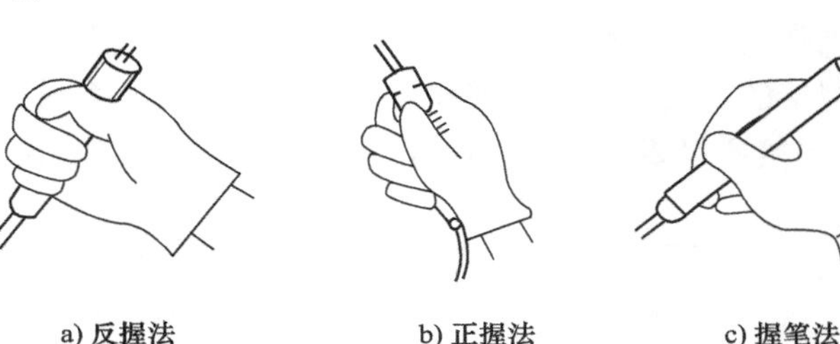

图 4-2　电烙铁的握法

（2）锡焊材料　锡焊材料主要分为钎料和焊剂两大类。

1）钎料。钎料是指易熔的金属及其合金，其主要作用是将被焊件连接在一起。钎料按其成分可分有锡铅钎料、银钎料和铜钎料；按其熔点的不同可分为硬钎料和软钎料，熔点在 450℃以上的称为硬钎料，熔点在 450℃以下的为软钎料；按其使用环境温度可分为高温钎料和低温钎料。

手工钎料经常使用锡铅钎料，俗称焊锡。焊锡中加入少量的活性化金属和优质松香作为助焊剂，以提高焊接质量。

2）焊剂。在进行焊接操作时，为了能使被焊件与钎料焊接牢固，焊接中常使用焊剂。通常用的焊剂有松香、酒精松香水、焊膏和盐酸等。

松香适用于所有电子元器件和小线径线头的焊接，酒精松香水适用于小线径线头和强电领域小功率元器件的焊接，焊膏适用于大线径线头焊接和大截面导体表面或连接处的加固，盐酸适用于钢制件电连接处表面搪锡或钢制件的连接焊接。

（3）锡焊基本条件

1）被焊件必须具有焊接性。焊接性也就是可浸润性，指被焊接的金属材料与焊锡在适当的温度和助焊剂作用下良好结合形成合金层的性能。在金属材料中、金、银和铜的焊接性较好，考虑到成本因素，目前常用铜作为引脚、接点等。铁、镍次之，铝的焊接性最差。为便于焊接，常在较难焊接的金属材料和合金表面镀上焊接性较好的金属材料，如镀锡、镀银等。

2）被焊金属表面应保持清洁。金属表面的氧化物和粉尘、油污等会妨碍钎料浸润被焊金属表面。焊接前应使用焊剂来清除氧化物；对于氧化物、油污严重的，在焊接前可用机械或化学方法清除杂物。

3）使用合适的助焊剂。助焊剂的种类繁多，使用效果也有所不同。使用时必须根据被焊件的材料性质、表面状况和焊接方法来选取。助焊剂的用量越大，助焊效果越好，焊接性能越好，但助焊剂残渣也越多。助焊剂残渣腐蚀金属零件，且使产品的绝缘性能变差。因此，在锡焊完成后应进行清洗除渣。

4）具有适当的焊接温度。加热的作用是使焊锡熔化并向被焊金属材料扩散，使金属材料上升到焊接温度，生成金属合金。温度过低，难以焊接，造成虚焊。提高锡焊的温度可以提高锡焊的速度，但温度过高会使钎料处于非共晶状态，加速助焊剂的分解，使钎料性能下降，导致印制电路板上的焊盘脱落。

5）具有合适的焊接时间。焊接温度确定后，应根据被焊件的形状、大小和性质等确定焊接时间。焊接时间是指在焊接全过程中，进行物理和化学变化所需要的时间。焊接时间包括被焊金属材料达到焊接温度的时间、焊锡熔化的时间，以及助焊剂发挥作用和生成金属合金所需要的时间。焊接时间要适当，过长易损坏焊接部位及元器件，过短则达不到焊接要求。

（4）锡焊要求

1）焊点机械强度要足够。为保证被焊件在受到振动或冲击时不脱落、松动，焊点要有足够的机械强度。为使焊点具有足够的机械强度，一般可采用先把被焊元器件的引线端子打弯后再进行焊接的方法，但不能堆积过多的钎料，这样容易造成虚焊以及焊点与焊点的短路。

2）焊接质量要可靠，以保证良好的导电性能，如图 4-3 所示。

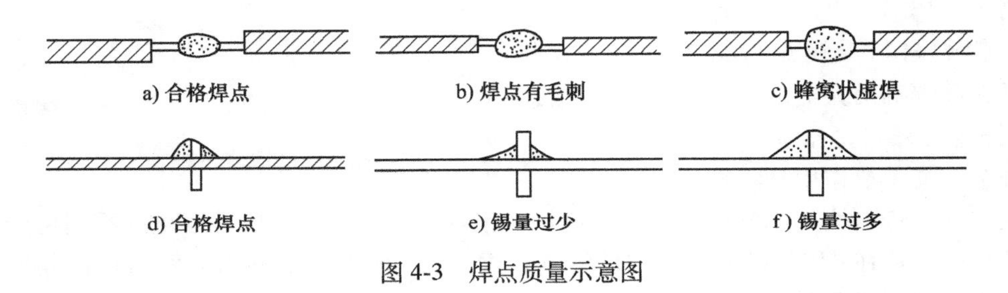

图 4-3　焊点质量示意图

3）焊点表面要光滑、清洁。为使焊点美观、光滑和整齐，不但要有熟练的焊接技能，而且要选择合适的钎料和焊剂，否则将出现焊点表面粗糙、拉尖和棱角等现象。

（5）锡焊基本步骤　手工电烙铁焊接时，一般应按以下五个步骤进行（简称五步焊接操作法）。

1）准备。将被焊件、电烙铁、焊锡丝和烙铁架等准备好，放置在便于操作的地方。焊接前要将烙铁头加热到能熔锡的程度并将烙铁头放在松香或蘸水海绵上轻轻擦拭，以除去氧化物残渣，然后把少量的钎料和助焊剂加到清洁的烙铁头上，让电烙铁随时处于可焊接状态，如图 4-4a 所示。

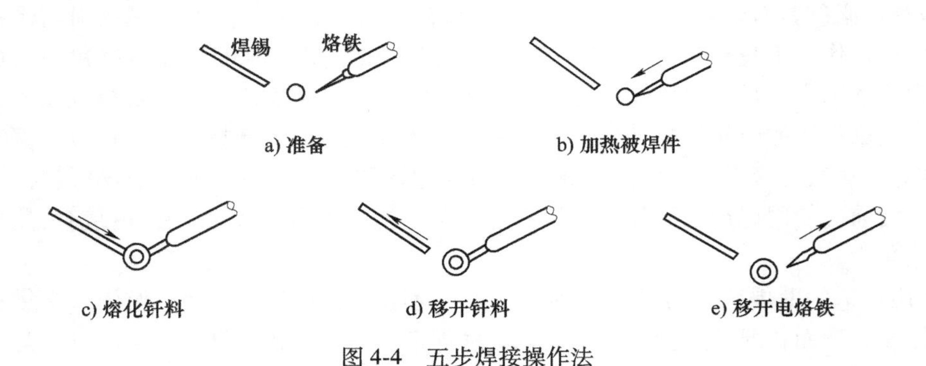

图 4-4　五步焊接操作法

2）加热被焊件。将电烙铁头放置在被焊件的待焊部位，使待焊部位升温。若电烙铁头上带有少量钎料（在准备阶段时带上），可使电烙铁头的热量较快地传到待焊部位，如图 4-4b 所示。

3）熔化钎料。将待焊部位加热到一定温度后，用焊锡丝触到焊接处，熔化适量的钎料，如图 4-4c 所示。钎料（焊锡丝）应从烙铁头的对称侧加入，而不是直接加在烙铁头上。

4）移开钎料。当焊锡丝适量熔化后，迅速移开焊锡丝，如图 4-4d 所示。

5）移开电烙铁。当待焊部位的钎料流散接近饱满，助焊剂尚未完全挥发，也就是待焊部位的温度最适当、焊锡最光亮和流动性最强时，迅速拿开烙铁头，如图 4-4e 所示。移开烙铁头的时机、方向和速度，决定着焊点的焊接质量。正确的方法是先慢后快，烙铁头沿 45°方向移动，在将要离开焊点时快速往回一带，然后迅速离开焊点。

对热容量小的焊件，可以用三步焊接法，即焊接准备→ 加热被焊部位并熔化钎料→撤离烙铁和钎料。

2. 焊接操作要领

（1）焊前准备

1）工具。视被焊件的大小，准备好电烙铁、镊子、剪刀、斜口钳、尖嘴钳和焊剂等。

2）焊接前要将元器件引线刮净，最好是先挂锡再焊接。对被焊物表面的氧化物、锈斑、油污、灰尘和杂质等要清理干净。

（2）焊剂用量要合适　使用焊剂时，必须根据被焊件的面积大小和表面状态而适量使用。焊剂用量过少则影响焊接质量；用量过多时，焊剂残渣将会腐蚀零件，并使电路的绝缘性能变差。

（3）焊接温度和时间要掌握好　焊接时，应使被焊件达到适当的温度，并使固体钎料迅速熔化，产生足够的热量。温度过低，焊锡流动性差，很容易凝固，形成虚焊；温度过高，将使焊锡流淌，焊点不易存锡，焊剂分解速度加快，使金属表面加速氧化，并导致印制电路板上的焊盘脱落。特别值得注意的是，当使用天然松香助焊剂时，锡焊温度过高，很容易氧化脱羧产生炭化而造成虚焊。锡焊时间因被焊件的形状、大小不同而有所差别，但总的原则是根据被焊件是否完全被钎料所润湿的情况而定。通常情况下，烙铁头与焊点接触时间以使焊点光亮、圆滑为适宜。如果焊点不亮并形成粗糙面，说明温度不够，时间太短，此时需要增加焊接温度，即将烙铁头继续放在焊点上多停留一些时间。

（4）钎料的施加方法　钎料的施加方法可根据焊点的大小及被焊件的多少而定，如图 4-5 所示。

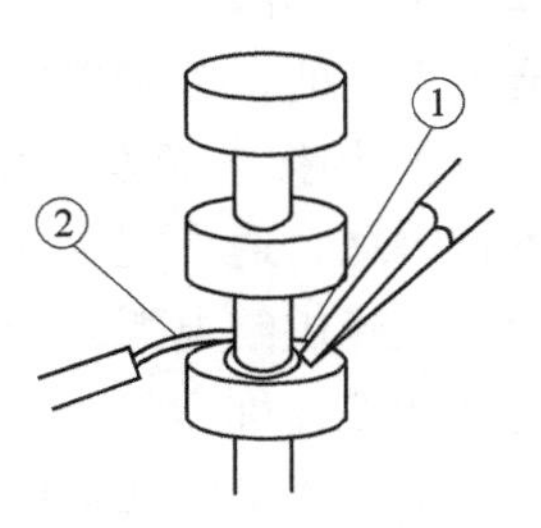

图 4-5　钎料施加方法

当引线焊接于接线柱上时，首先将烙铁头放在接线端子和引线上，当被焊件加热达到一定温度时，先给①处少量钎料，这样可加快电烙铁与被焊件的热传导，使几个被焊件温度达到一致。当几个被焊件温度都达到了钎料熔化温度时，应立即将焊锡丝加到②处，即距电烙铁加热部位最远的地方，直到钎料润湿整个焊点时便可撤去焊锡丝。如果焊点较小，便可用烙铁头蘸取适量焊锡，再蘸取松香后，直接放至焊点，待焊点着锡并润湿后将烙铁撤走。撤去电烙铁时，要从下面向上提拉，以使焊点光亮、饱满。这种方法多用于焊接元器件与维修时使用。使用上述方法时要注意将蘸取钎料的电烙铁及时放到焊点上，如时间稍长，焊剂就会分解，钎料被氧化，使焊点质量低劣。另外，也可以将烙铁头与焊锡丝同时放在被焊件上，待钎料润湿焊点后，再将电烙铁撤走。

（5）焊接时手要扶稳　在焊接过程中，特别是在焊锡凝固过程中不能晃动被焊元器件引线，否则将造成虚焊。

（6）焊点的重焊　当焊点一次焊接不成功或上锡量不够时，要重新焊接。重新焊接时，必须待上次的焊锡一同熔化并熔为一体时才能把电烙铁移开。

（7）焊接时烙铁头与引线、印制电路板的铜箔之间的接触位置　图 4-6a 中烙铁头与引线接触而与铜箔不接触，图 4-6b 中烙铁头与铜箔接触而与引线不接触，这两种情况将造成热传导不均衡。图 4-6c 中烙铁头与引线和铜箔同时接触，这是正确的焊接加热法。

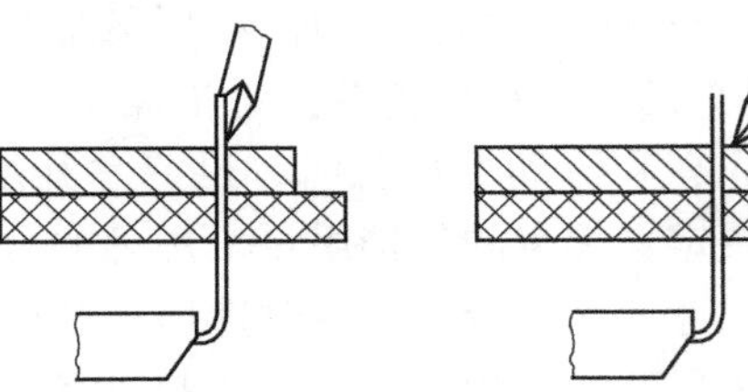
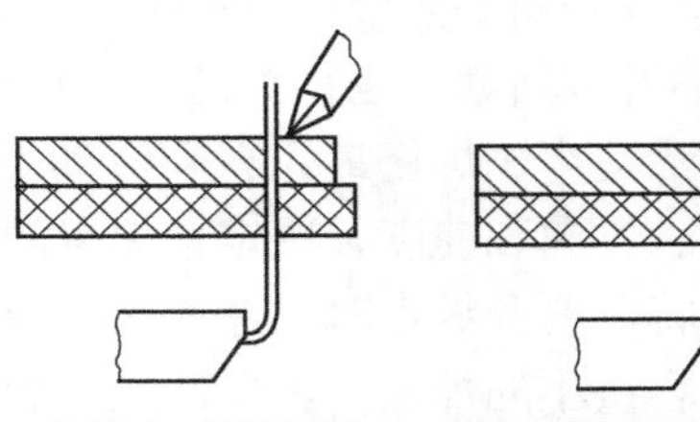

a) 烙铁头只接触引线　b) 烙铁头只接触铜箔　c) 同时接触引线和铜箔

图 4-6　烙铁头焊接时的位置

（8）焊接后的处理　当焊接结束后，应将焊点周围的焊剂清洗干净，并检查电路有无漏焊、错焊和虚焊等现象。可用镊子将每个元器件拉一拉，看有无松动现象。

4.1.2　电弧焊

电弧焊是工业生产中应用最广泛的焊接方法，其原理是利用电弧放电（俗称电弧燃烧）所产生的热量将焊条与工件互相熔化并在冷凝后形成焊缝，从而获得牢固接头的焊接过程。这里以焊条电弧焊为主详述电弧焊工艺。

1. 电弧焊工具

电弧焊工具主要指焊机、焊钳、焊接面罩和焊条。

（1）焊机　焊机是向电弧提供电能的电源。焊机的电源设备分为交流电弧焊机电源、直流电弧焊机电源和逆变电弧焊机电源三类。

1）对电焊机电源设备的要求。焊条电弧焊时，欲获得优良的焊接接头，首先要使电弧稳定地燃烧。决定电弧稳定燃烧的因素很多，如电源设备、焊条成分、焊接规范及操作工艺等，其中主要的因素是电源设备。焊接电弧在起弧和燃烧时所需要的能量，是靠电弧电压和焊接电流来保证的，为确保能顺利起弧和稳定地燃烧，具体要求如下：

① 焊接电源在引弧时，应供给电弧以较高的电压（但考虑到操作人员的安全，这个电压不宜太高，通常规定该空载电压为 50～90V）和较小的电流（几安培）；引燃电弧并稳定燃烧后，又能供给电弧以较低的电压（16～40V）和较大的电流（几十安培至几百安培）。电源的这种特性，称为陡降外特性。

②焊接电源还要可以灵活调节焊接电流，以满足焊接不同厚度的工件时所需的电流，此外，还应具有良好的动特性。

2）交流电弧焊机电源。交流电弧焊机电源是一种特殊的降压变压器，具有结构简单、噪声小、价格便宜、使用可靠及维护方便等优点。交流电弧焊机电源分为动铁式和动圈式两种。动铁式交流电弧焊机是目前用得较广的一种交流电弧焊机，其外形如图 4-7 所示。交流电弧焊机可将工业用的电压（220V 或 380V）降低至空载 60～70V，电弧燃烧时为 20～35V。电流调节通过改变活动铁心的位置来进行。具体操作方法是通过转动调节手柄，并根据电流指示盘将电流调节到所需值。动圈式电弧焊机电源通过变压器的一次和二次绕组的相对位置来调节焊接电流的大小。

3）直流电弧焊机电源。直流电弧焊机电源输出端有正、负极之分，焊接时电弧两端极性不变。直流电弧焊机正、负两极与焊条、焊件有两种不同的接线方法：将焊件接到焊机正极，焊条接至负极，这种接法称为正接，又称为正极性；反之，将焊件接到负极，焊条接至正极，这种接法称为反接，又称为反极性。焊接厚板时，一般采用直流正接，这是因为电弧正极的温度和热量比负极高，采用正接能获得较大的熔深。焊接薄板时，为了防止烧穿，常采用反接。在使用碱性低氢钠型焊条时，均采用直流反接，如图 4-8 所示。

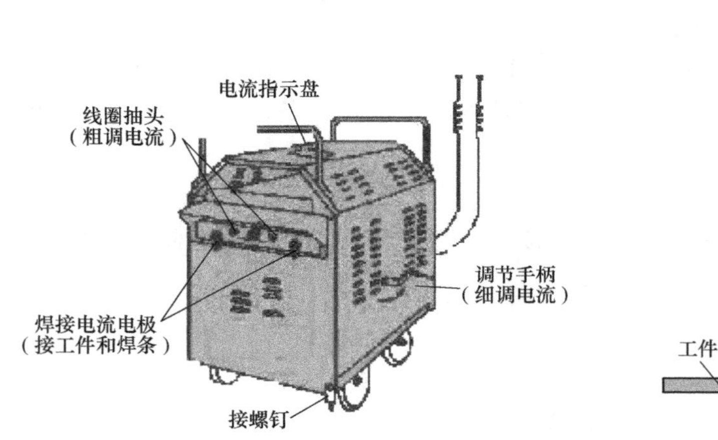

图 4-7 动铁式交流电弧焊机的外形

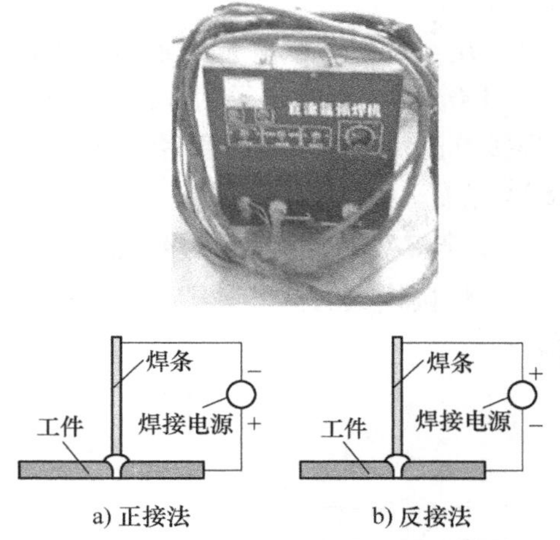

图 4-8 直流电弧焊机的不同极性接法

① 旋转式直流电弧焊机。旋转式直流电弧焊机由一台三相异步电动机和一台直流弧焊发电机组成，又称为弧焊发电机。它的特点是能够得到稳定的直流电，因此，引弧容易，电弧稳定，焊接质量较好。但是，这种直流电弧焊机结构复杂，价格比交流电弧焊机贵得多，维修较困难，使用时噪声大。现在，这种焊机已停止生产正在淘汰中。

② 整流式直流电弧焊机。整流式直流电弧焊机的结构相当于在交流电弧焊机上加上整流器，从而把交流电变成直流电。它既弥补了交流电弧焊机电弧稳定性不好的缺点，又比旋转式直流电弧焊机结构简单，消除了噪声。整流式直流电弧焊机已逐步取代旋转式直流电弧焊机。

4）逆变式弧焊变压器。逆变是指将直流电变为交流电的过程。可通过逆变改变电源的频率，得到想要的焊接波形。

其特点是：提高了变压器的工作频率，使主变压器的体积大大缩小，方便移动；提高了电源的功率因数；有良好的动特性；飞溅小，可一机多用，完成多种焊接。其原理框图如图 4-9 所示。

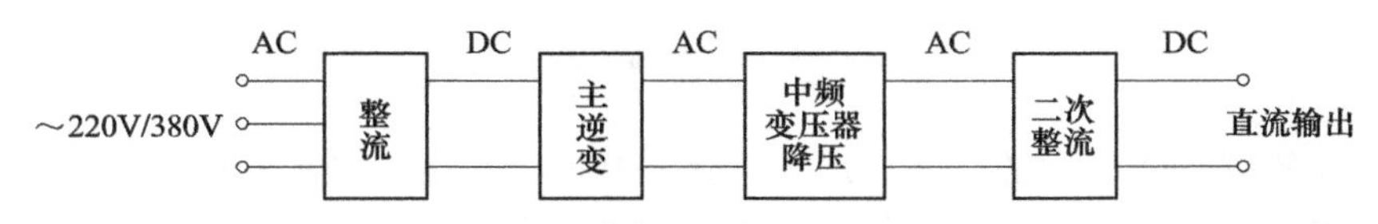

图 4-9 逆变式弧焊变压器原理框图

（2）焊钳和焊接面罩　焊钳是焊条的夹持工具，面罩是用来遮滤电弧光，以保护操作者能正常进行操作的防护工具，有手持式和戴式两种，如图 4-10 所示。

（3）焊条　焊条是用于电弧焊接的金属条，电工常用的焊条为结构钢焊条。选择焊条时主要是选择焊条的直径，焊条的直径取决于焊接工件的厚度。焊接工件越厚，选用焊条的直径越大；一般焊条的直径不超过焊件的厚度。

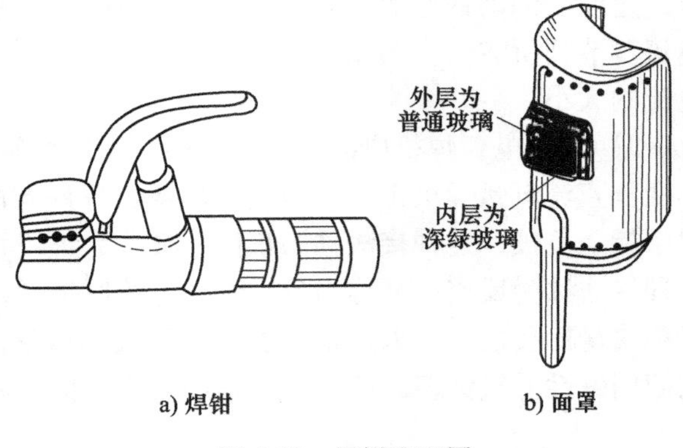

图 4-10　焊钳和面罩

厚度在 4~12mm 的焊件，常用焊条直径为 3. 0~4. 0mm 。不同直径的焊条在焊接时应选用不同的电流值，可按公式 $I=（12D^2±15）A$（I 表示焊接电流，D 表示焊条直径）进行计算。例如直径为 4. 0mm 的焊条，算出近似使用电流为 180A 左右。

2. 焊接接头的类型和焊接方式

（1）焊接接头的类型　可分为对接接头、角接接头、T 形接头和搭接接头 4 种，如图 4-11 所示。

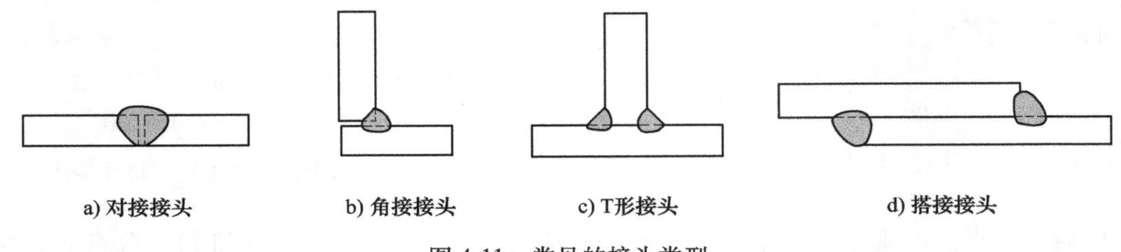

图 4-11　常见的接头类型

焊接前，应根据焊接部位的形状、尺寸和受力的不同，选择合适的接头类型。焊接时工件接头的根部间隙由焊件的接头类型、厚度和坡口形式决定。电工操作的焊接工件通常是角钢和扁钢，一般不开坡口。根部间隙尺寸为 0~2mm。

（2）焊接方式　焊接方式可分为平焊、立焊、横焊和仰焊四种，如图 4-12 所示。

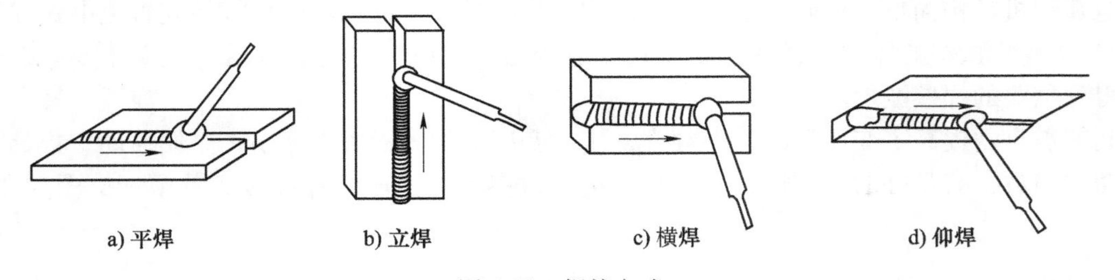

图 4-12　焊接方式

焊接时，应根据焊接工件的结构、形状、体积和所处位置选择不同的焊接方式。

平焊时，焊缝处于水平位置，操作技术容易掌握，所用焊条直径可以大些，生产效率高，如图 4-12a 所示。焊接时所用的运条方法为直线形；若需要焊接双面焊件，焊接正面焊缝的运条速度应慢些，以获得较大的深度和宽度；焊反面焊缝时，则运条速度要快些，使焊缝宽度小些。

立焊和横焊时，由于熔化金属因自重下淌产生未焊透和焊瘤等缺陷，因此宜采用较小直径的焊条和较短的电弧焊接，如图 4-12b、c 所示。焊接电流比平焊时小 12%~15%。

仰焊操作难度大，焊接时采用较小直径的焊条，用最短的电弧焊接，如图 4-12d 所示。

3. 焊接方法

（1）定位　用（马）板与铁锲等夹具将工件实现临时定位。

（2）引弧　电弧的引燃方法有划擦法和接触法两种。

1）划擦法。先将焊条对准焊件，再将焊条像划火柴似的在焊件表面轻轻划擦，引燃电弧，然后迅速将焊条提起 2~4mm，使之稳定燃烧。

2）接触法。将焊条末端对准焊件，然后手腕下弯，使焊条轻微碰一下焊件，再迅速将焊条提起 2~4mm，引燃电弧后手腕放平，使电弧保持稳定燃烧。这种引弧方法不会使焊件表面划伤，又不受焊件表面大小、形状的限制，所以是在生产中主要采用的引弧方法，但操作方法不易掌握，需要提高熟练程度。

引弧时需注意的事项：

① 引弧处应无油污、水锈，以免产生气孔和夹渣。

② 焊条与焊件接触后提升速度要适当，太快难以引弧，太慢焊条和焊件粘在一起造成短路。

（3）运条　运条是焊接过程中最重要的一个环节，直接影响焊缝的外表形状和内在质量。电弧引燃后，一般情况下焊条有朝熔池方向逐渐送进、沿焊接方向移动、横向摆动三个基本运动。

1）焊条朝熔池方向逐渐送进，既是为了向熔池添加金属，也是为了在焊条熔化后继续保持一定的电弧长度，因此焊条送进的速度应与焊条熔化的速度相同。否则，会发生断弧或粘在焊件上。

2）焊条沿焊接方向移动，随着焊条的不断熔化，逐渐形成一条焊道。若焊条移动速度太慢，则焊道会过高、过宽和外形不整齐，焊接薄板时会发生烧穿现象；若焊条的移动速度太快，则焊条与焊件熔化不均匀，焊道较窄，甚至发生未焊透现象。焊条移动时应与前进方向成 70°~80°的夹角，以使熔化金属和熔渣推向后方，否则熔渣流向电弧的前方，会造成夹渣等缺陷。

3）焊条横向摆动，是为了对焊件输入足够的热量以便于排气、排渣，并获得一定宽度的焊缝或焊道。焊条摆动的范围根据焊件厚度、坡口形式、焊缝层次和焊条直径等决定。

（4）焊缝收尾　焊缝收尾时，为了不出现尾坑，焊条应停止向前移动，而采用划圈收尾法或反复断弧法自下而上地慢慢拉断电弧，以保证焊缝尾部成形良好。

（5）焊接后　要敲去焊渣，对焊缝质量进行检查。

4.1.3 手工锡焊技能训练

1. 实训目标

1）通过训练，了解手工焊接的基本技能知识。

2）通过训练，掌握手工锡焊的操作步骤及操作要领。

2. 实训器材

35W 内热式电烙铁、焊锡丝、松香、镊子、剪刀、铜线、元器件和印制电路板。

3. 实训内容

1）印制电路板焊接。

2）导线的焊接。

3）焊点拆除。

4. 操作步骤

1）对电烙铁进行检测，无误后将其接到 220V 交流电源上进行通电预热。

2）将待焊电线和印制电路板以及焊剂、钎料准备好，等待焊接。

3）印制电路板焊接训练。第一步，将准备好的电阻和电容安装到印制电路板上；第二步，把预热好的电烙铁头放到待焊点进行预热，焊点预热约 2s 后对准焊点，用电烙铁蘸取适量的焊剂对焊点进行均匀地涂抹，再对准焊点送钎料；第三步，待钎料在焊点上已经充分熔化，并在焊点上能形成饱满的圆点，使电阻或电容已充分连接，此时迅速撤离钎料；第四步，继续对焊点进行短时间的加热，待焊点上的钎料恰好覆盖住焊点，形成圆润、饱满的焊点时，迅速地沿 45°方向撤离电烙铁，让焊点上的钎料自然冷却；第五步，待钎料充分冷却后，用工具剪去过长的电阻或电容的引脚。

4）导线的焊接训练。第一步，将导线的绝缘层去除，并按照不同导线的连接方式进行初步连接；第二步，用预热好的电烙铁对连接好的导线进行初步处理、清洁后，再蘸取适量的焊剂对导线的连接处进行搪锡处理；第三步，用电烙铁对准导线的连接处加热，待焊点温度已达到焊接温度时，用左手持钎料对准焊点送钎料；第四步，待钎料在焊点上充分熔化，并且熔化的量足够时，迅速撤离钎料；第五步，用电烙铁对准导线的连接处继续加热，并用电烙铁头蘸取钎料在连接处均匀涂抹；最后待钎料在连接处冷却后，对导线进行绝缘恢复处理。

5）焊点拆除训练。印制电路板上的焊点拆除，可以采取分点拆除法，也可以采取集中拆除法，或者间断加热拆焊法。要领是先对焊点用电烙铁进行加热，待焊点上的钎料熔化后，趁热拔下焊件。

进行连接导线、接线柱焊点的拆除时，先对连接导线、接线柱焊点充分加热，待钎料熔化后，趁热对焊件进行拆除。

5. 实训考核与评分（见表 4-1）

表 4-1 实训考核与评分表

项目	技 术 要 求	配分	得分
1	焊点均匀光滑，跨接线排列整齐，无虚焊、漏焊	30	
2	线头连接均匀，接头无毛刺，焊面光滑平整，接口不露铜、焊接牢靠	30	
3	焊件拆除干净，无损坏焊件	20	
4	焊接基本知识口试	20	

4.1.4 焊条电弧焊技能训练

1. 实训目标

1）了解焊接方法的特点、分类与应用。

2）比较完整地掌握焊条电弧焊方法；了解焊接对焊机的要求，以及交、直流焊机的优缺点与应用；了解常用焊条的选用及焊条电弧焊工艺；掌握焊条电弧焊的基本操作方法。

3）了解常见焊接缺陷及其检验方法。

4）通过焊接实训，了解焊接电流的选用、焊条药皮的作用、焊接应力与变形以及金属焊接性概念。

2. 实训器材

电焊机（交、直流）、焊把线、焊钳、焊接面罩、小锤、焊条烘箱、焊条保温桶、钢丝刷、石棉布和测温计等。

3. 实训内容

1）相关知识及安全教育。使学生了解实训场地规章制度及焊接文明生产要求；了解常用焊接设备、工具及卫生防护用品；了解安全用电常识，防火及防爆的措施。

2）平敷焊的基本操作。了解焊前的准备工作；了解引弧、运条、收弧和更换焊条的操作手法；掌握焊条的选用原则；掌握焊接参数的调节方法。知道可能产生的缺陷及产生原因和防止方法。

3）接头平焊的基本操作。了解焊前的准备工作；了解引弧、运条、收弧和更换焊条的操作手法；掌握焊接参数的调节方法；知道可能产生的缺陷及产生原因和防止方法。

4）接头立焊和横焊、气体保护焊。了解焊前的准备工作；掌握操作姿势及运条方法；掌握焊接电流的调节方法；了解接头更换的操作方法；了解可能出现的问题及产生原因和防止方法。理解 CO_2气体保护焊的工作原理；了解 CO_2气体保护焊适用的焊接材料；了解 CO_2气体保护焊的焊接参数及焊接工艺。

5）复合作业。按照图样要求，自行下料，采用适当的焊接方法进行加工。

考核与评分见表4-2。

表4-2 考核评分表

项目	技术要求	配分	得分
1	焊缝过渡光顺，不能突变	30	
2	焊缝不低于工作表面及裂纹	30	
3	修补焊接缺陷，修补后进行打磨	20	
4	焊接基本知识口试	20	

4.2 数字电路实训

4.2.1 实训任务书

1. 项目名称

八路抢答器的安装与调试。

2. 项目内容

设置八个抢答器按钮，抢答器按钮编号为1~8。最多可容纳8人（8组）参赛。

1）显示功能。在电路上采用一个 LED 数码管，显示抢答选手号码，用于调试硬件。

2）数据锁存功能。若参赛者按动按钮，锁存器立刻锁存最先按下的按钮编号，数码管将其显示出来。其他参赛选手再按下按钮时将不起作用，即电路进入“锁定状态”。抢答器抢答分辨率为 1ms。

3）“主持人清零”功能。设置主持人清零按钮。在抢答器按钮为常态时，主持人按下清零按钮，电路解除锁定状态，进入准备好状态，此时，数码管显示“0”，允许抢答。

制作 App 软件，将抢答选手的号码显示在手机上。

3. 学习目标

1）掌握相关集成电路的工作原理及应用。

2）数码管显示原理。

3）完成电路的焊接与调试。

4）学习简易 App 软件的制作方法。

5）学习电路的测试方法。

4. 实训成果

1）实训报告。

2）调试指标符合设计任务要求。

5. 时间安排

实训时间：2 周（60 学时）。数字电路实训学时安排见表 4-3。

表 4-3 数字电路实训学时安排

序号	实训内容	学时
1	原理图设计	6
2	编码电路焊接	6
3	锁存电路焊接	6
4	译码电路焊接	6
5	八路抢答器调试	6
6	学习蓝牙模块和 Arduino 的程序	6
7	制作 App 软件	6
8	App 界面优化	6
9	联机调试	6
10	调试与验收	6

6. 考核标准

1）实训成绩采用 5 级制：优秀（90~100 分）、良好（80~89 分）、中等（70~79 分）、及格（60~69 分）和不及格（<60 分）。具有创新点时可适度加分。

2）实训期间严格执行请假制度。无故不到者按旷课处理，缺课时数达 1/3 及以上或旷课时数达 1/5 及以上者，实训成绩计为不及格。数字电路实训考核标准见表 4-4。

表 4-4　数字电路实训考核标准

考核内容	考核方式	考核标准	分数
电路元器件布局导线排列	目测	布局是否合理，排列是否整齐、合理，每处占 2~5 分	20
电路焊接质量	根据焊接 PCB 板进行评价	每一处元器件装接错误扣 3 分；元器件插接不到位、引脚过长或过短，每一处扣 1 分。扣完 20 分为止	20
实现电路功能测试	实际测试	1. 完成八路抢答器电路 2. 会修改 Arduino 程序 3. 会使用蓝牙模块和串口软件 4. 学会开发简单的 App 软件 5. 调试成功	30
参数修改		是否会调整参数	20
实训报告	根据实训报告质量	格式与书写规范占 5 分；内容表述清楚占 5 分；接线图的完成情况占 5 分	10

4.2.2　项目指导书

1. 项目名称

八路抢答器的安装与调试。

2. 实训的目的

1）掌握相关集成电路的工作原理及应用。

2）数码管显示原理。

3）完成电路的焊接与调试。

4）学习简易 App 软件制作。

5）学习电路的测试方法。

3. 实训器材

1）编码器 74LS20，其引脚排列如图 4-13 所示。

由两组四“与非”门组成：第 1 组为 1、2、4、5 输入，6 输出；第 2 组为 9、10、12、13 输入，8 输出。

2）锁存器 74LS75 引脚排列如图 4-14 所示，其功能见表 4-5。

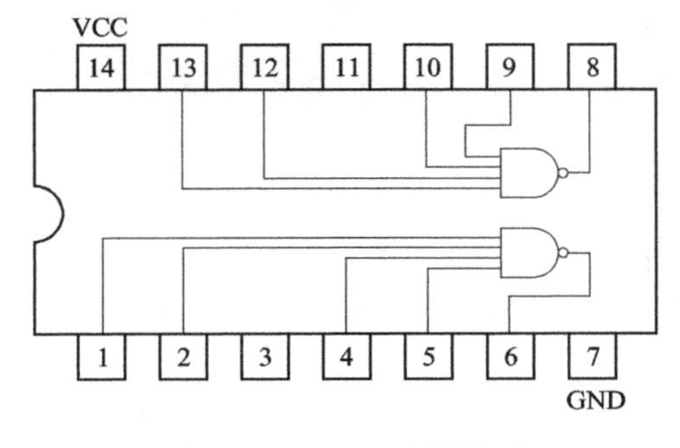

图 4-13　74LS20 引脚排列

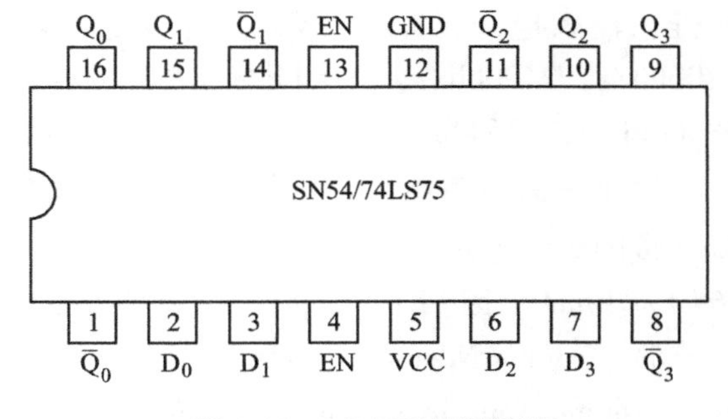

图 4-14　74LS75 引脚排列

表 4-5　74LS75 的功能

EN	D	Q	$\overline{Q}$
1	0	0	1
1	1	1	0
0	×	保持	保持

3）译码器 74LS48 引脚排列如图 4-15 所示。

$\overline{LT}$：试灯输入。当$\overline{LT}=0$ 时，译码器输出均为高电平，若驱动的数码管正常，则显示 8。

$\overline{BI}$：灭灯输入。$\overline{BI}=0$ 时，译码器输出均为低电平，使共阴极数码管熄灭。

$\overline{RBI}$：灭零输入。当 A=B=C=D=0，且$\overline{RBI}=0$ 时，译码器输出全为低电平。

$\overline{RBO}$：灭零输出，和灭灯输入$\overline{BI}$共用一端。

4）共阴极数码管引脚 排列如图 4-16 所示。

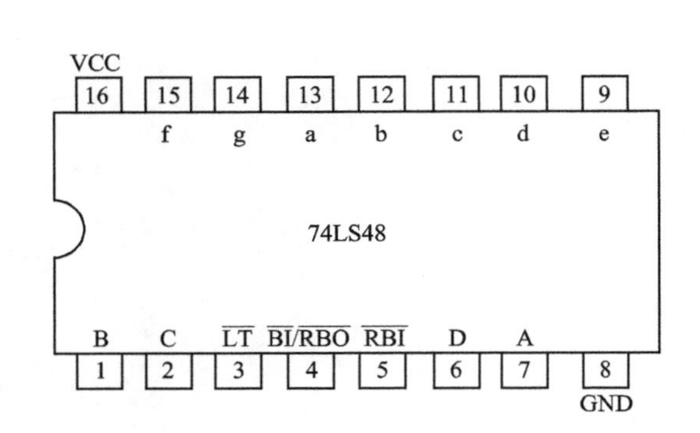

图 4-15　74LS48 引脚排列

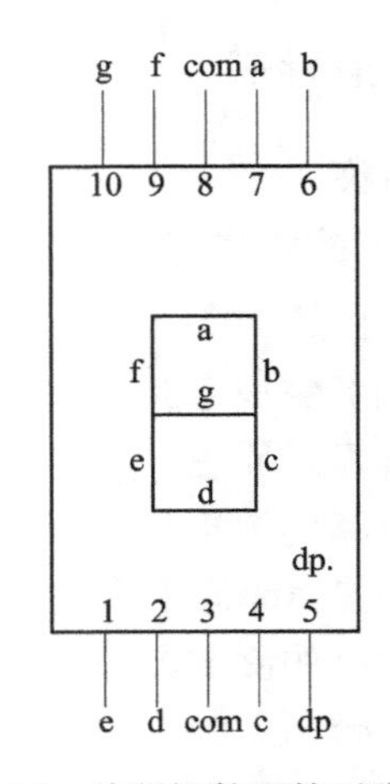

图 4-16　共阴极数码管引脚排列

共阴极数码管的 com 是公共端，接电源的负极。

5）蓝牙模块如图 4-17 所示。

蓝牙模块采用 CSR 主流蓝牙芯片，蓝牙 V2.0 协议标准。输入电压：3.6～6V，禁止超过 7V。波特率为 1200bit/s、2400bit/s、4800bit/s、9600bit/s、19200bit/s、38400bit/s、57600bit/s 和 115200bit/s。

图 4-17　蓝牙模块

带连接状态指示灯，LED 快闪表示没有蓝牙连接；LED 慢闪表示进入 AT 命令模式。板载 3.3V 稳压芯片，输入电压直流 3.6～6V；未配对时，电流约为 30mA（因 LED 灯闪烁，电流处于变化状态）；配对成功后，电流约为 10mA。

6）Arduino Nano 如图 4-18 所示。

Arduino Nano 是 Arduino USB 接口的微型版本，没有电源插座，USB 接口是 Mini-B 型插座。Arduino Nano 尺寸非常小，可以直接插在面板上使用。处理器核心是 ATmega168（Nano2.x）和 ATmega328（Nano3.0），具有 14 路数字输入/输出口（其中 6 路可作为 PWM 输

图 4-18　Arduino Nano

出)，8 路模拟输入，一个 16MHz 晶体振荡器，一个 mini-B USB 口，一个 ICSP header 和一个复位按钮。

7）串口软件界面如图 4-19 所示。

8）App Inventor2 界面如图 4-20 所示。

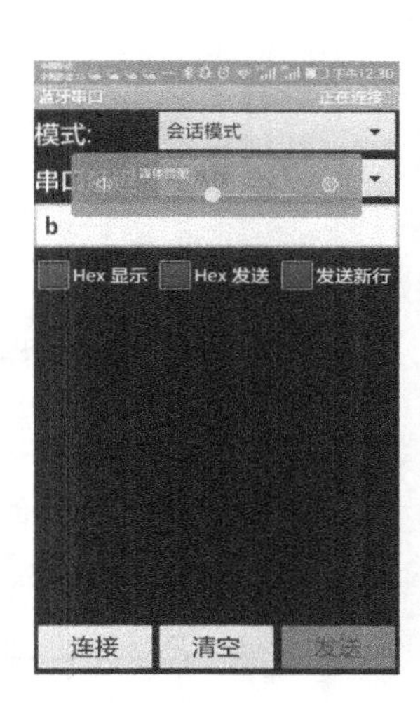

图 4-19　串口软件界面

4. 实训内容

1）编码电路的安装与调试。使用两片 74LS20 组成编码电路，并完成安装与调试，如图 4-21 所示。

2）锁存电路的安装与调试，如图 4-22 所示。

3）数码管译码显示部分的安装与调试，如图 4-23 所示。

4）蓝牙通信部分的安装，如图 4-24 所示。

将 Arduino Nano 与蓝牙模块连接。将 Arduino Nano 的 D5、D4、D3、D2 引脚定义为输入，与编码电路的输出 DCBA 连接。输入程序。

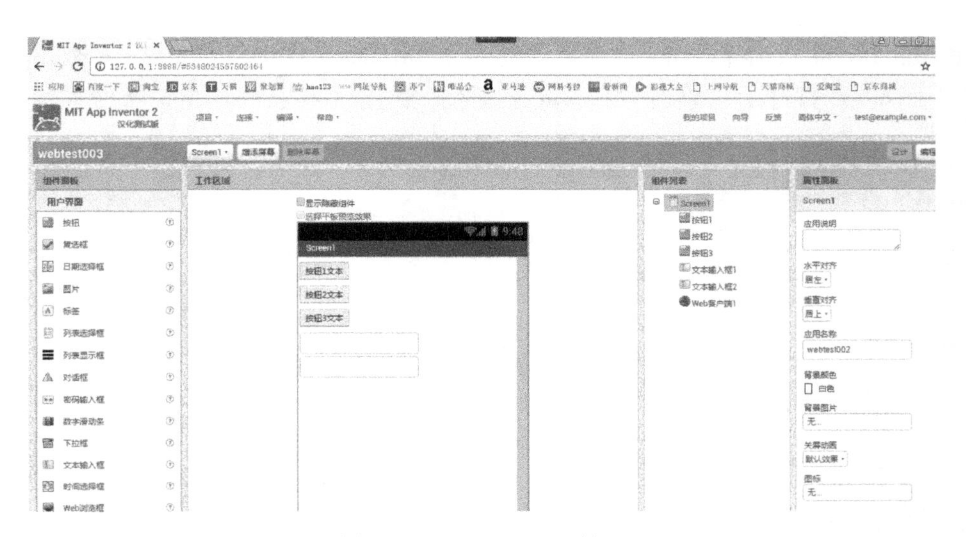

图 4-20　App Inventor2 界面

5）无线控制部分的调试。将手机蓝牙与蓝牙模块连接。初次匹配密码为 1234。连接后，打开蓝牙串口软件，正常连接后，Arduino Nano 将 D2～D5 的值上传至手机 App 软件。

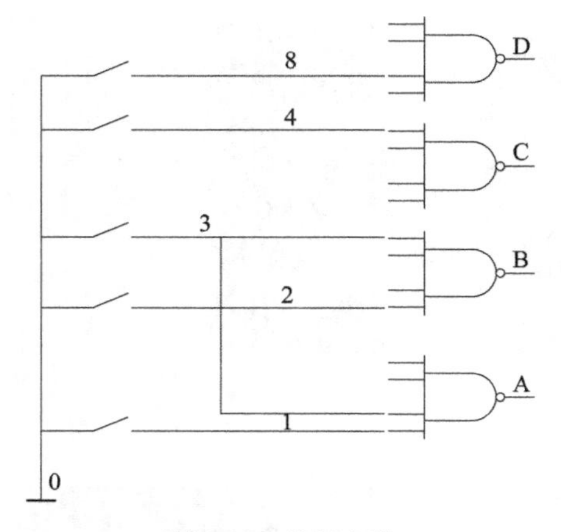

图 4-21 编码电路

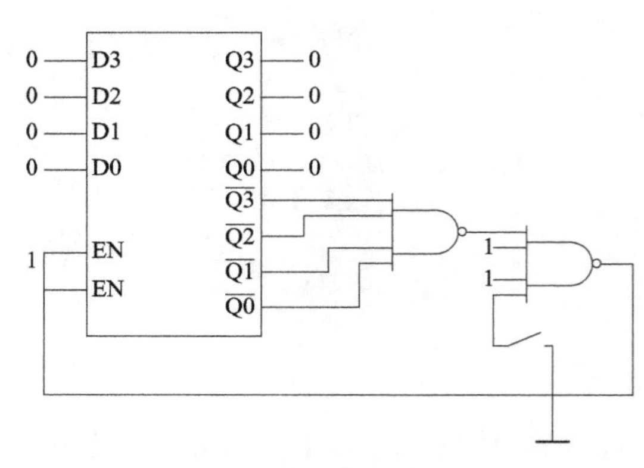

图 4-22 锁存电路

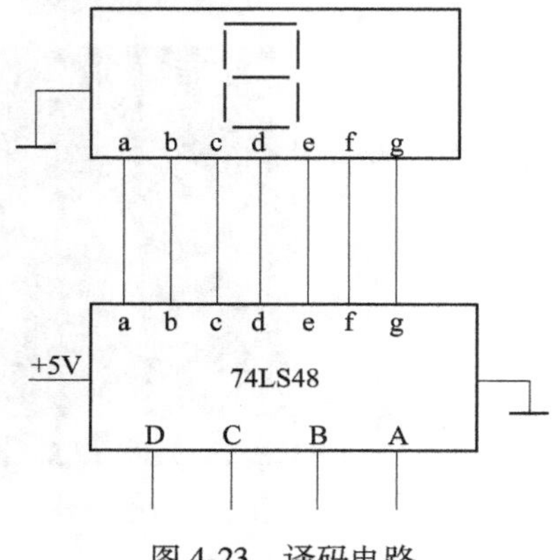

图 4-23 译码电路

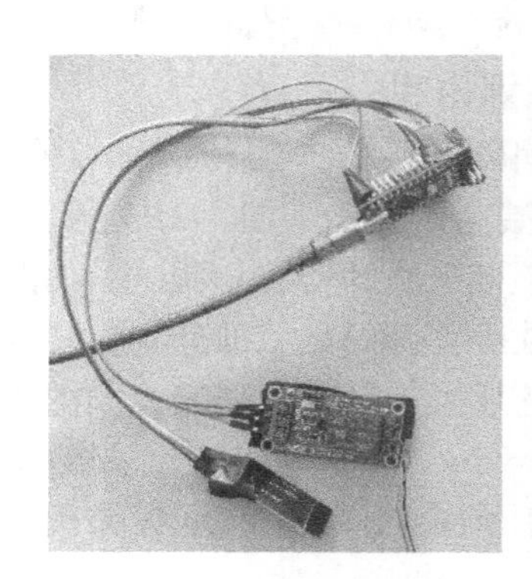

图 4-24 蓝牙通信模块

使用 App Inventor2 制作 App 软件。启动 App Inventor2 软件，在 Chrome 浏览器上输入 127.0.0.1：8888。打开后，单击“Log In”进入，制作 App 软件。App 软件界面如图 4-25 所示。

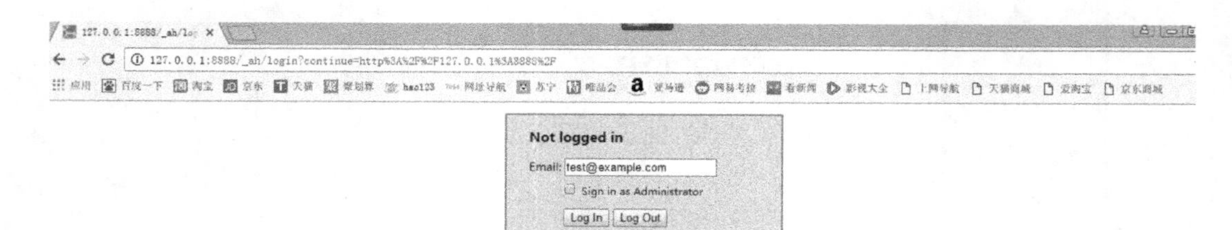

图 4-25 App 软件界面

6）联调。在数码管和手机上，能正确显示抢答选手的编号。

测试内容见表 4-6。

掌握如何调节蓝牙模块与 Arduino 的通信波特率为 9600bit/s。

设置 12 引脚控制继电器输出。

表4-6　数字电路实训测试

项目编号	测试内容	是否通过
1	完成八路抢答器电路	
2	将抢答结果上传到手机 App	
3	调节蓝牙模块与 Arduino 的通信波特率为 19200bit/s	
4	设置 D2~D5 引脚为输入	
5	是否完成 App 制作	

5. 注意事项

1）蓝牙模块的主从模式。本实训需要将蓝牙模块设置为从机模式。

2）蓝牙模块默认的波特率是 9600bit/s。

4.3　模拟电路实训（一）

4.3.1　实训任务书

1. 项目名称

智能水位控制器的制作。

2. 项目内容

采用 NE555 电路设计并制作一台水位控制器，在水位低于下限水位时通过继电器使水泵起动，抽水至水箱；当水位超过上限水位时继电器释放，水泵停止工作。控制器的工作状态，可以通过手机显示。

具体步骤如下：

1）识别与检测元器件，借助万用表进行粗测。

2）使用 NE555 集成电路，连接成一个水位控制器。

3）学习使用蓝牙串口。

4）学习 Arduino Nano 模块。

5）学习继电器模块及原理。

6）制作简单 App 控制程序。

7）通过调试，实现设计要求。

3. 学习目标

1）掌握相关 NE555 集成电路的工作原理及应用。

2）熟悉水位控制器的工作原理。

3）掌握有关模块电路的基本知识，能够识别及正确使用。

4）掌握用电烙铁进行手工焊接及拆焊的基本技能，能够高质量地完成电路的设计和手工焊接。

5）学习各种测试方法。

4. 实训成果

1）实训报告。

2）调试指标符合设计任务要求。

5. 时间安排

实训时间：2 周（60 学时），模拟电路实训学时安排见表 4-7。

表 4-7 模拟电路实训学时安排

序号	实 训 内 容	学时
1	元器件识别与检测	6
2	电路布局与焊接	6
3	完成水位控制器	6
4	了解 App 开发流程	6
5	学习简易 App 界面开发	6
6	学习蓝牙通信模块	6
7	学习继电器模块	6
8	将蓝牙模块、继电器模块与电路连接测试	6
9	将蓝牙模块与手机连接测试	6
10	调试与验收	6

6. 考核标准

1）实训成绩采用 5 级制：优秀（90~100 分）、良好（80~89 分）、中等（70~79 分）、及格（60~69 分）和不及格（<60 分）。具有创新点时可适度加分。

2）实训期间严格执行请假制度。无故不到者按旷课处理，缺课时数达 1/3 及以上或旷课时数达 1/5 及以上者，实训成绩计为不及格。模拟电路实训考核标准见表 4-8。

表 4-8 模拟电路实训考核标准

考核内容	考核方式	考核标准	分数
水位控制器电路元器件布局导线排列	目测	布局是否合理，排列是否整齐、合理，每处占 2~5 分	20
水位控制器电路焊接质量	根据焊接 PCB 板进行评价	每一处元器件装接错误扣 3 分，元器件插接不到位、引脚过长或过短，每一处扣 1 分。扣完 20 分为止	20
实现电路功能测试	实际测试	1. 完成智能水位控制器电路 2. 会使用继电器模块 3. 会使用蓝牙模块和串口软件 4. 学会开发简单的 App 软件 5. 调试成功	30
参数修改		是否会调整参数	20
实训报告	根据实训报告质量	格式与书写规范占 5 分；内容表述清楚占 5 分；接线图的完成情况占 5 分	10

4.3.2 项目指导书

1. 项目名称

智能水位控制器的制作。

2. 实训的目的

1）识别与检测元器件：借助万用表对元器件进行粗测。

2）使用 NE555 集成电路，连接成一个水位控制器。

3）掌握有关模块电路的基本知识，能够识别、正确使用。

4）掌握用电烙铁进行手工焊接及拆焊的基本技能，能够高质量地完成电路的设计和手工焊接。

5）学习各种测试方法。

3. 实训器材

模拟电路实训元器件明细见表 4-9。

表 4-9 模拟电路实训元器件明细

代号	名称	型号规格	数量	代号	名称	型号规格	数量
R1	电阻	25kΩ	2	V_{CC}	直流电源	5V	1
R2	电阻	75kΩ	2		电路板		1
R3	电阻	100kΩ	2	IC2	晶体管	8050	若干
C1	电解电容	10μF/25V	2	IC3	集成电路	ULN2003	1
IC1	集成电路	NE555	2	C3	电解电容	47μF/25V	2

1）继电器模块如图 4-26 所示。

2）蓝牙模块如图 4-27 所示。

图 4-26 继电器模块

图 4-27 蓝牙模块

3）ULN2003 引脚排列如图 4-28 所示。

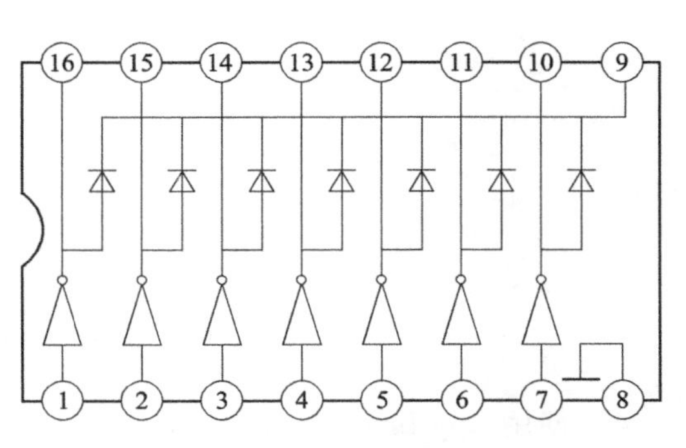

图 4-28 ULN2003 引脚排列

引脚 1～7 为 CPU 脉冲输入端，端口对应一个信号输出端。

引脚 8 为接地端。引脚 9 是内部 7 个续流二极管负极的公共端，各二极管的正极分别接达林顿管的集电极；用于感性负载时，该脚接负载电源正极，实现续流作用；如果该引脚接地，实际上就是达林顿管的集电极对地接通。

引脚 10～16 为脉冲信号输出端，对应 7～1

脚信号输入端。

4）Arduino Nano 实物如图 4-29 所示。

图 4-29 Arduino Nano

5）串口软件界面如图 4-30 所示。

6）App Inventor2 界面如图 4-31 所示。

4. 实训内容

1）水位控制系统的安装与调试。使用 NE555 集成电路，连接成一个液位控制器，如图 4-32 所示。

2）无线控制部分的安装，如图 4-33 所示。

3）将手机蓝牙与蓝牙模块连接。初次匹配密码为 1234，连接后，打开蓝牙串口软件。正常连接后，Arduino Nano 的 D2、D3 引脚设置为低电平。

当水位到达低位，Arduino Nano 的 D2 引脚设置为高电平，通过蓝牙模块向手机发送数据“a”。当水位到达低位，D2、D3 引脚设置为高电平，通过蓝牙模块向手机发送数据“b”。

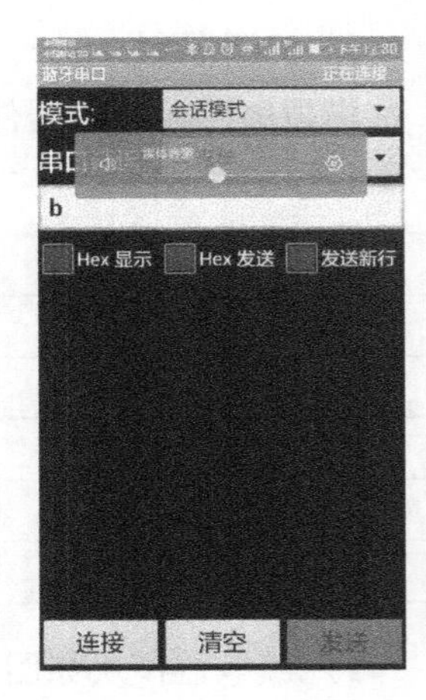

图 4-30 串口软件界面

图 4-31 App Inventor2 界面

4）使用 App Inventor2 制作 App 软件。启动 App Inventor2 软件。在 Chrome 浏览器，输入 127. 0. 0. 1：8888。打开后，单击 Log in，制作 App。

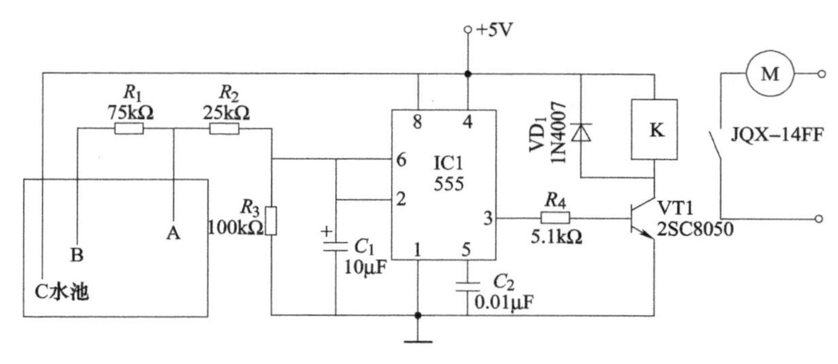

图 4-32 液位控制器原理

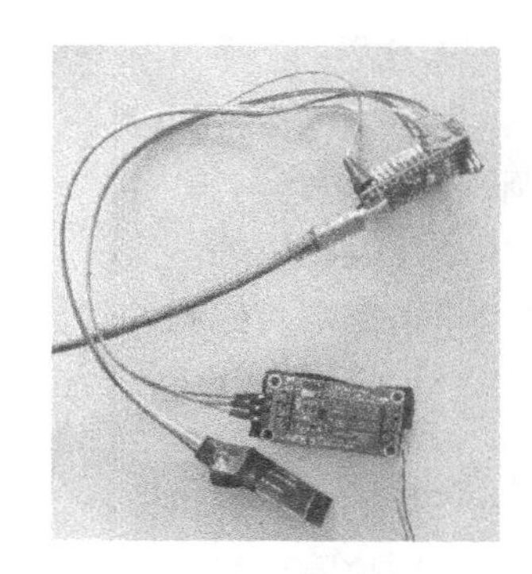

图 4-33 无线控制部分

App 的功能要求，当接收到数据“a”时，低位指示灯点亮；当接收到数据“b”时，高位指示灯点亮。App 制作界如图 4-34 所示。

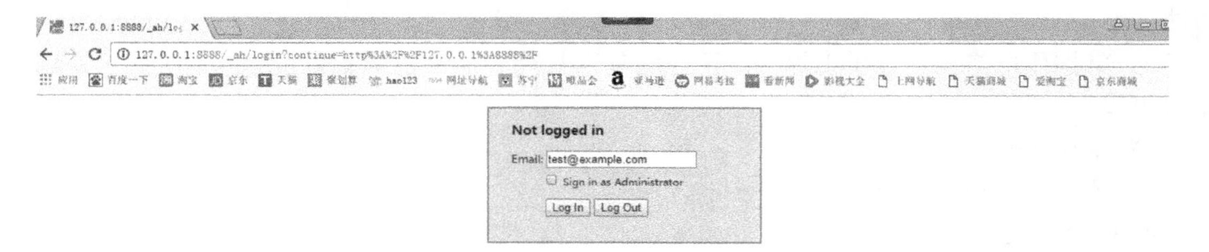

图 4-34 App 制作界面

测试内容见表 4-10。

表 4-10 模拟电路实训测试表

项目编号	测试内容	是否通过
1	完成水位控制电路	
2	水位在低位时候，蓝牙软件显示“a”；水位在高位的时候，蓝牙软件显示为“b”	
3	调节蓝牙模块与 Arduino 的通信波特率为 19200bit/s	
4	设 Arduino Nano 的 D4、D5 引脚作为输入，测量水位的位置	
5	是否完成 App 制作	

5. 注意事项

1）蓝牙模块的主从模式。本实训需要将蓝牙模块设置为从机模式。

2）蓝牙模块默认的波特率是 9600bit/s。

4.4 模拟电路实训（二）

4.4.1 实训任务书

1. 项目名称

调幅收音机的安装与调试。

2. 项目内容

根据给定的元器件、材料、仪器和工具，按照工艺文件要求完成调幅收音机的安装与调试。

1）读图训练。

2）识别与检测元器件。

3）装接 PCB 电路。

4）组装整机。

5）调试收音机。

6）故障检修。

3. 学习目标

1）掌握相关电路的读图方法，培养读图能力。

2）掌握有关元器件的基本知识，能够识别、选择元器件。掌握使用万用表测量元器件的方法。

3）掌握用电烙铁进行手工焊接及拆焊的基本技能，能够高质量地完成电路的手工焊接和整机组装。

4）掌握收音机的调试方法。

5）能够排除简单的故障。

4. 实训成果

1）实训报告。

2）性能指标符合要求的收音机产品。

5. 时间安排

实训学时安排见表 4-11。

表 4-11 一周实训学时安排

序号	实 训 内 容	学时
1	读图训练	4
2	元器件识别与检测	4
3	PCB 电路的装接	8
4	整机组装	4
5	收音机的调试	8
6	故障检修	8
7	撰写实训报告	4

6. 考核标准

1）实训成绩采用 5 级制：优秀（90~100 分）、良好（80~89 分）、中等（70~79 分）、及格（60~69 分）和不及格（<60 分）。具有创新点时可适度加分。

2）实训期间严格执行请假制度。无故不到者按旷课处理，缺课时数达 1/3 及以上或旷课时数达 1/5 及以上者，实训成绩计为不及格。实训考核标准见表 4-12。

表 4-12 实训考核标准

考核内容	考核方式	考 核 标 准	分数
元器件识别、测试、读图能力	问答、实操（共计5题）	不能正确识别元器件，每次扣2分 不能正确测量元器件，每次扣2分 不能正确读图（工艺文件），每次扣2分	10
PCB的装接、整机组装	根据实际装接质量评价	每一处元器件装接错误（位置或极性错误）扣5分 每一处焊点不合格（虚焊、漏焊、连焊、质量差）扣2分 元器件插接不到位、不规范，每一处扣2分 部件安装不正确、不到位、不牢固，螺钉、按键、旋钮、LED装配不合格，每处错误扣2分 元器件损坏、外壳损伤扣5分	40
调试及故障检修	根据调试过程及结果评价	不能正确使用测量仪器仪表及工具扣5分 没有掌握调试方法扣5分 静态工作点设置不合格扣5分 统调不合格扣10分 不能排除故障扣5分	30
安全、文明生产	根据实训过程中违反操作规程的情况评价	每违反安全操作及文明生产规程一次扣2分 因违反安全操作规程而造成安全事故扣10分	10
实训报告	根据实训报告质量评价	杜撰数据、抄袭实训报告扣10分 格式不规范扣5分 表述质量差扣3分 书写质量差扣3分	10

4.4.2 项目指导书

1. 实训目的

1）掌握相关电路的读图方法，培养读图能力。

2）掌握有关元器件的基本知识，能够识别、选择元器件。掌握使用万用表测量元器件的方法。

3）掌握用电烙铁进行手工焊接及拆焊的基本技能，能够高质量地完成电路的手工焊接和整机组装。

4）掌握收音机的调试方法。

5）能够排除简单的故障。

2. 实训器材

根据给定的元器件、材料、仪器和工具，按照工艺文件要求完成调幅收音机的安装、调试。

1）读图训练。

2）元器件识别与检测。

3）PCB电路的装接。

4）整机组装。

5）收音机的调试。

6）故障检修。

3. 实训内容

（1）工作原理　收音机原理图如图 4-35 所示，元器件位置图如图 4-36 所示。

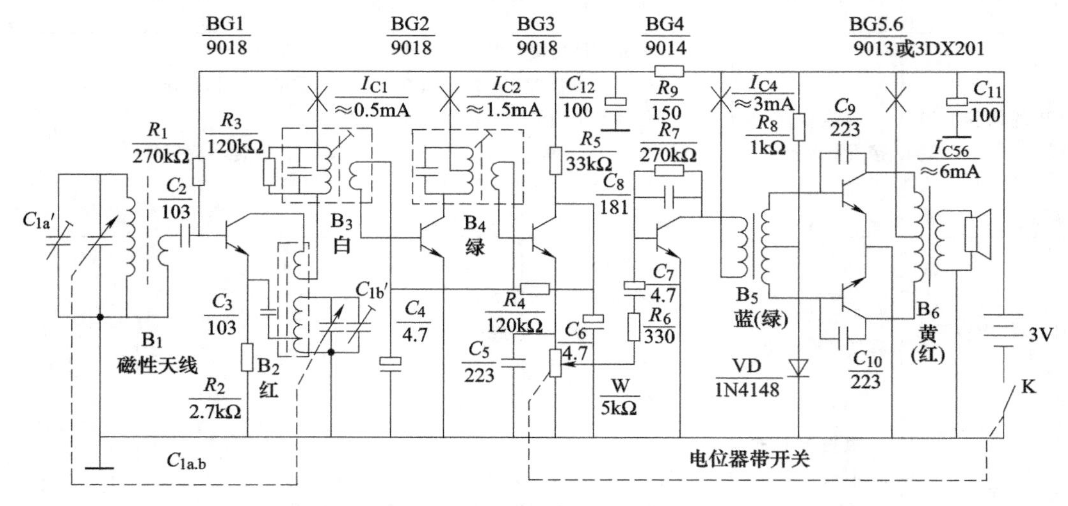

图 4-35　收音机原理图

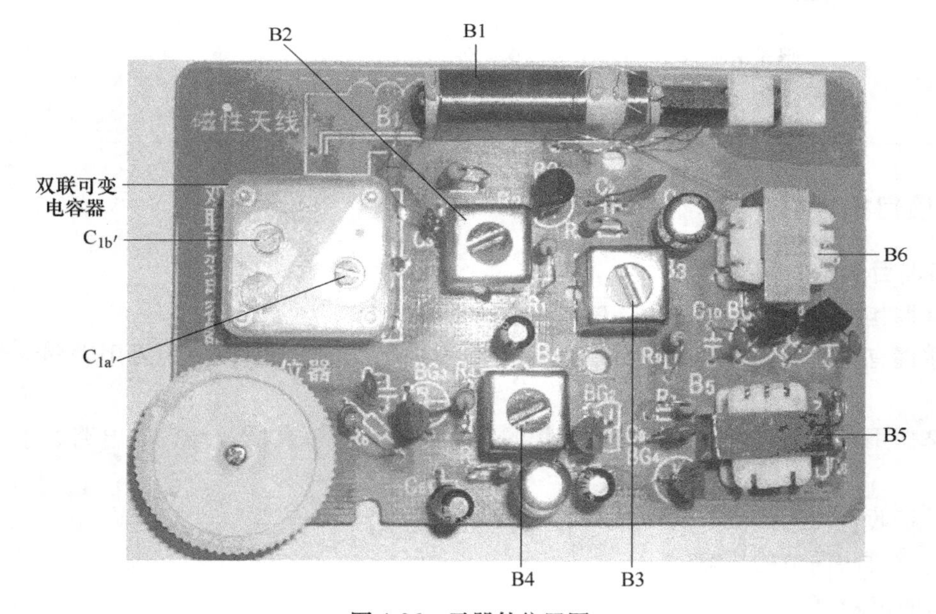

图 4-36　元器件位置图

（2）无线电的发送与接收

1）无线电的发送。人耳能听到的声音频率为 2Hz～20kHz。通常把这一范围叫作音频，声波在空气中的传播速度比起无线电波的传播速度是很慢的，而且衰减得非常快，所以声音不能传播到很远的地方。要实现声音的远距离传送，首先应将声音通过微音器转化为音频电信号，音频电信号不能直接向空间发射，必须用音频信号去调制一个等幅的高频振荡才能实现声音的远距离传输，这个等幅的高频振荡叫作载波，经过调制的载波通过调谐功率器放大，由发射天线辐射到空间。音频对载波的调制一般采用调幅或调频，由于调幅波具有频带窄，接收机简单，成本低的特点，目前大多电台均采用调幅广播，其发射过程如图4-37所示。

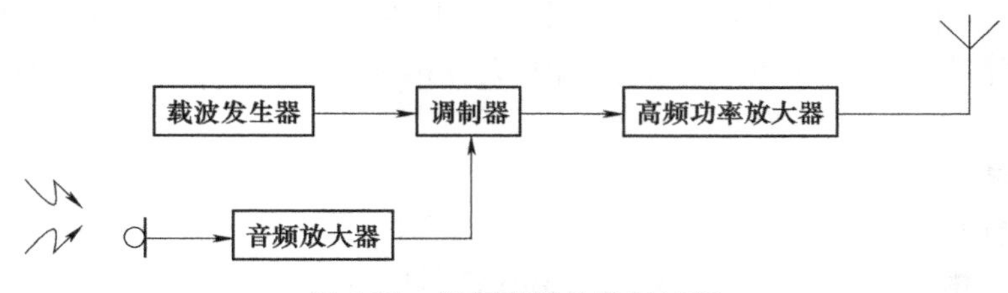

图4-37 调幅广播的发射过程

音频对载波的调制一般采用调幅或者调频。调幅是使载波的振幅随着调制信号的强弱而变化，调频是使载波的频率随着调制信号的强弱而变化，由于调幅波频带窄，接收机简单，成本低，所以目前中央和各省市及地方电台均采用调幅广播。

我国规定调幅广播中取音频信号的最高频率为 $F_n=4.5\text{kHz}$，则每一广播电台占有9kHz的带宽。调幅广播根据载波频率的高低分为中波、中短波和短波，我国中波广播频段为535～1605kHz，短波Ⅰ为2.7～7MHz，短波Ⅱ为7～18MHz。由于调频波具有抗干扰能力强，音质好的特点，目前中央和大多省市都有调频广播，调频广播频段为88～108MHz，已调波带宽为150～200kHz。

2）无线电的接收。无线电的接收过程与发送过程相反，将空中传送来的电磁波接收，还原成调制信号，经音频放大器放大推动扬声器发出声音。

接收机的电路形式有两种：一种为高放式收音机，高放式收音机首先经输入回路选频放大器放大，再经检波和音频放大推动扬声器发出声音。

高放式收音机具有灵敏度高，输出功率大的优点，但选择性差，另外高放级一般由二三级组成，调谐过程比较复杂；另一种是超外差收音机，其工作原理如图4-38所示。

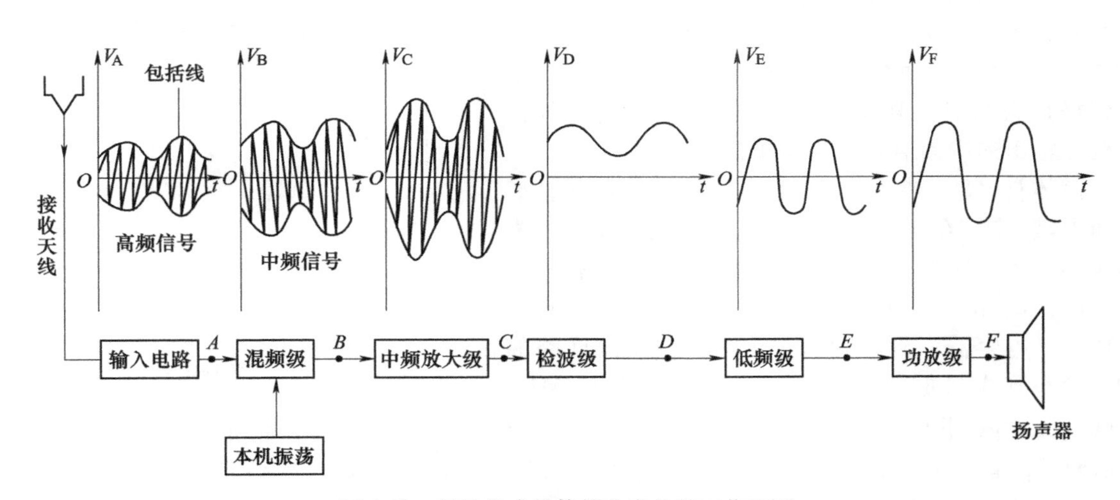

图4-38 超外差式晶体管收音机的工作原理

超外差式收音机与高放式收音机的区别是把接收到的高频信号变为频率较低的中频信号，

经过中频放大器放大，再进行检波。要将高频信号变换为中频信号，接收机还需要外加一个正弦信号，这个信号叫作外差信号，产生外差信号的电路叫作本机振荡器。高频信号和外差信号均加到混频器，利用晶体管的非线性混频，经中频选频电路得到两者的差频信号，即$f_1 = f_0 - f_s$，这个差频信号叫作中频，我国规定调幅收音机中超外差收音机由于中频 465kHz（调频为 10MHz），经中频信号送入后面的中频放大器放大，再进行检波。目前接收机的主要形式是超外差接收机。

（3）电路分析

1）输入调谐回路如图 4-39 所示。

输入调谐回路由可变电容 C_{1a}（双联可变电容器中的一联）、半可变电容 C'_{1a}、磁棒和套在磁棒上的天线线圈 L_{1a}（T1 的一次线圈）构成。磁棒的磁导率很高，能把传播到磁棒附近空间的电磁波汇集到磁棒上，载频不同的各电台信号的电磁波在天线线圈 L_{1a}上感应出相应的电动势。电容 C_{1a}、C'_{1a}和线圈 L_{1a}构成串联谐振电路，其谐振频率 $f_0 = \dfrac{1}{2\pi\sqrt{L_{1a}(C_{1a} + C'_{1a})}}$。当电台信号载频与$f_0$ 相同时，感应出相应的电动势最大。当电台信号载频偏离f_0 时，感应出的电动势减小，甚至消失。所以，调节可变电容 C_{1a}的容量，可以改变回路的固有谐振频率，使其与波段内任一个电台的载频频率相等，回路便与该电台信号串联谐振而选出该台信号，同时，滤除其他电台信号及干扰信号。回路中微调电容 C'_{1a}是为了统调而设的补偿电容，主要补偿高频端，对低频端影响较小。调整 L_{1a}的数值可以通过移动线圈在磁棒上的位置来实现，线圈越靠近磁棒中部，电感量越大，线圈在磁棒两端时，电感量较小。磁性天线的方向性很强，当磁棒轴线方向与无线电波传播方向垂直，且与交变磁力线平行时，L_{1a}上的感应电动势最强。

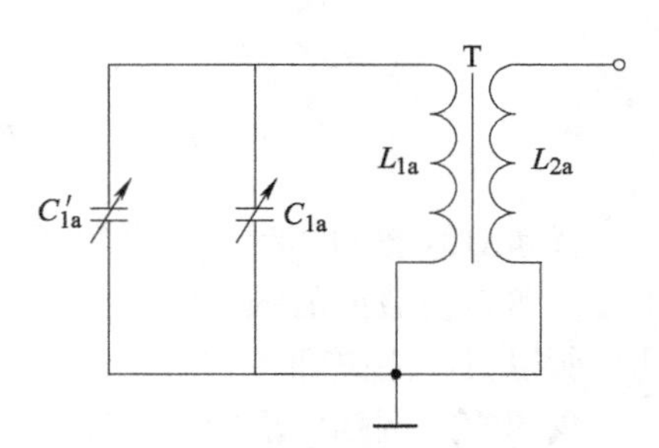

图 4-39 输入调谐回路

2）变频电路如图 4-40 所示。

变频电路的作用是将输入调谐回路送来的各电台高频调幅信号均变成载波固定为中频（465kHz）的中频调幅信号，而中频信号的幅度变化规律（信号包络）与对应的高频信号完全相同，不能有任何畸变。输出的中频信号送到中频放大级。

晶体管 VT_1、本振线圈 T_1、电容 C_{1b}、C'_{1b}等构成变压器耦合式 LC 振荡电路，产生等幅正弦波（称为本振信号），其频率比输入回路的谐振频率高出 465kHz。C_{1a}和 C_{1b}采用同轴的双联可变电容器，理论上要求，电容器调到任何位置，都要使天线回路的调谐频率和本机振荡回路的谐振频率相差 465kHz，实际上无法做到这点，而只能实现在一个波段内三点统调。天线调谐回路和本机振荡回路中的电容器 C'_{1a}和 C'_{1b}可以微调，目的是使上述两个回路的调谐频率在波段内高端某一频率点上相差 465kHz。由输入回路选出的外来电台信号和本振荡信号同时加在变频管 VT_1 上，进行混频和放大。由于变频管的非线性作用产生具有多种信号的合成波，其中包含了 465kHz 的中频调幅信号（外来电台信号和本振信号的差频信号）。从 VT_1 集电极输出的信号，经中频谐振电路（简

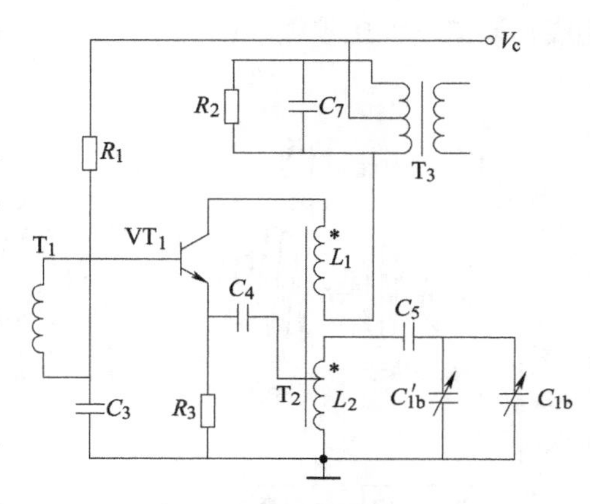

图 4-40 变频电路

称中周）T_3 的选频耦合作用，选出 465kHz 的中频调幅信号，送入中频放大级晶体管 VT_2 的基极。

需要注意，当天线回路的调谐频率≠（本机振荡回路的谐振频率-465kHz）时，收到的电台信号由（本机振荡回路的谐振频率-465kHz）决定，而不是由天线回路决定。天线回路只起到信号补偿作用。

3）中频放大级如图 4-41 所示。

中频谐振回路（中周）B_4 并联谐振于 465kHz，由变频级送来的中频 465kHz 信号经中放管 VT_2 放大后，在谐振回路两端获得很高的谐振电压，并感应到 T_4 二次侧，送入 VT_3 基极，而回路对其他频率信号呈现的阻抗很低，几乎得不到电压输出，因而被滤除。

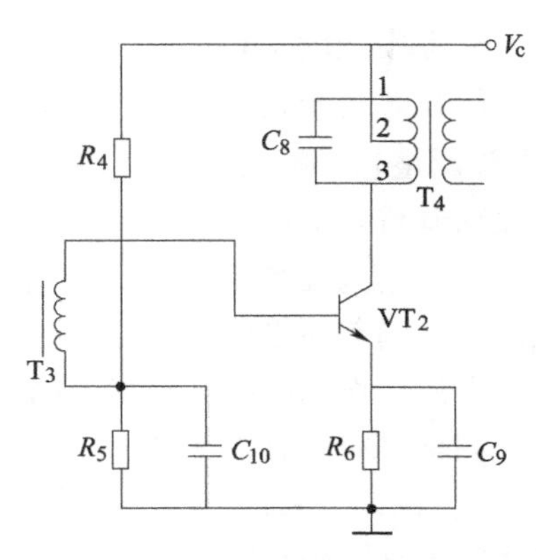

图 4-41　中频放大级

4）检波级。VT_3 对中放级送来的中频信号进行检波放大。它的静态工作点接近截止区，这样发射结起检波二极管的作用。从 VT_3 发射极输出的信号是正半周的调幅脉动电流信号，它包含音频、直流和残余中频三种成分，由 C_5 滤除掉残余的中频信号，而音频信号则经过电位器 RP 和耦合电容 C_7 送到低频前置放大级 VT_4 的基极，电位器 RP 同时担负音量调节的作用。R_4、R_5、C_4、C_6 滤除掉中频信号，向 VT_2、VT_3 提供直流工作点，构成自动增益控制电路（AGC），如图 4-42 所示。

5）音频放大器。

① 低频前置放大级。该级为低频功率放大级提供具有一定输出功率的音频信号，从而推动功放级工作。为了获得较大的功率增益，其输出采用变压器耦合，同时为了适应推挽功放级的需要，变压器 T_5 的二次侧有中心抽头，把本级的输出信号对中心头分成大小相等、相位相反的两个信号，分别推动推挽功放管 VT_5 和 VT_6 工作。

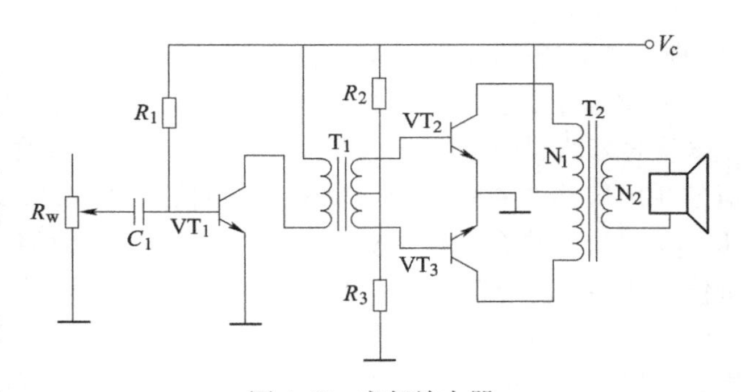

图 4-42　音频放大器

② 低频功率放大级。VT_5、VT_6 构成低频功率放大器，VT_5、VT_6 交替工作，各自放大音频信号的半个周期，即一管导通，另一管就截止，而经变压器 T 耦合在扬声器上得到完整的低频信号。R_8、D 给 VT_5、VT_6 提供起始电流，以避免交越失真，所以 VT_5、VT_6 实际上工作在甲乙类状态。C_9 和 C_{10}对较高频率的信号形成负反馈以抑制、消除高频自激。

4. 收音机装接

1）检测元器件。

2）装接电路板。按工艺要求装接电路。注意以下几点：

① 对于二极管、晶体管和电解电容等有极性的元器件，不可装错引脚。

② 三个中频变压器的外形相同但参数不同，不能互换。同理，输入变压器和输出变压器不能互换，应根据颜色进行区分。

③ 为了装接方便，应先安装位置较低的元器件，再安装位置较高的元器件。

④ 双联电容器拨盘下面的焊点不要太高，元器件引脚应该紧贴焊点剪掉，以免影响双联电容器拨盘的转动。

3）整机装配。电路板焊接好后，在电位器和双联上安装拨轮，用电线连上扬声器、正极片与负极弹簧，并将正极片与弹簧分别插入机壳。基本要求是，四条导线的长度要合适，尤其是每条导线两端露出的铜丝不要过长（以露出3mm为宜），以防发生短路。

5. 调试原理和方法

超外差式接收机调整的主要项目有各级静态工作点调整（工作点调整）、中频频率调整（中频调整）、频率覆盖范围调整（波段覆盖调整，又称为对刻度）及统调（灵敏度调整、同步跟踪调整）等。

（1）静态工作点调整　调整方法是把直流电流表从后级向前级依次串入各晶体管集电极电路中，调节各级偏置电路中的相应元器件（一般为基极上偏置电阻），分别使各级晶体管集电极直流工作电流符合技术说明书中规定的电流数值。

调整时应注意以下几点：

1）在无外来信号输入情况下进行，否则调不准。为此，可将双联可变电容器全部旋入，或将输入电路用导线短路。

2）直流电流表串入集电极电路时，最好表笔两端并联一个0.1~0.47μF的旁路电容。

3）若用电位器调节基极偏流电阻，电位器要串一个阻值适当的固定电阻，调整好后，测出所需的偏流电阻值再换上固定电阻，以免电位器阻值调至零时，烧坏晶体管。

（2）中频频率调整　晶体管静态工作点调整好后，接着要进行中频频率的调整。一般通过调整中频变压器的磁心或磁帽与线圈的相对位置，改变线圈的电感量，使中频变压器谐振于465kHz频率上，实现中频频率的调整。利用高频信号发生器提供中频信号源，用示波器或电子毫伏表来监视调整过程。调整时，调节高频信号发生器输出幅度合适的465kHz的中频调幅信号（用仪器内400Hz或1000Hz音频信号对465kHz信号以30%的调幅度进行调制），并经1000pF的电容耦合到被调机变频管VT_1基极或者用环形天线发射无线电信号。示波器或电子毫伏表并接于扬声器两端。双联可变电容器动片全部旋入，以减少对中频信号的衰减，音量控制电位器调至输出较大的位置。被调机通电后，边观察示波器上的输出波形幅度或电子毫伏表指针的指示，边用无感螺钉旋具调整中频变压器的磁帽，先调后面一个中频变压器T_4，调好T_4后再调T_3，每调整一个中频变压器均使输出指示为最大，同时扬声器发出的音频（400Hz或1000Hz）声音最响。然后适当减小高频信号发生器的输出幅度，按上述方法和顺序反复进行调整，使输出音频信号幅度最大，且不失真，表明中频频率已经调整好。最后可用高频蜡将磁帽封住。

（3）频率覆盖范围调整　中频频率调整好后，往往要对频率覆盖范围进行调整，其目的是为了保证收音机可变电容从全部旋进到全部旋出时恰好包括整个接收波段，且收音机接收频率与它所表示的刻度频率一致。进行调幅波段频率覆盖调整时，本振信号频率与所接收台的高频信号必须保持465kHz（中频）差值。对于刚组装好的或调换了变频元器件的收音机，它的本振频率与接收信号频率差值往往不为465kHz，所以通过调整收音机的振荡回路，使各个调谐点的本振频率与接收信号频率相差465kHz。调整频率范围通过调整本机振荡回路的振荡线圈T_2的磁帽和补偿用的微调电容C'_{1b}来实现。一般情况下，应先调波段低端，后调波段高端。

高频信号发生器输出的高频调幅信号（调制信号为400Hz或1000Hz，调整幅度为30%）经专用环形天线变成电磁波向外辐射，用示波器或电子毫伏表监视输送到扬声器的音频信号幅度。调整频率低端时，高频信号发生器通过天线发射535kHz的调幅信号，被调机的双联可变电容器动片全部旋入（容量最大），然后用无感螺钉旋具调整本振线圈T2的磁帽，使收音机能够接收到高频信号发生器发射的信号，并且输出指示最大，扬声器发音最响。此时，人为地把频率刻度指针对准535kHz。调整频率高端时，高频信号发生器通过天线发射1605kHz的调幅信号，双联可变电容器动片全部旋出（容量最小），用螺钉旋具调整本振回路的补偿电容C'_{1b}，使收音机能够接收到高频信号发生器发射的信号，并且输出指示最大，扬声器发音最响。此时，收音机频率刻度指针自动对准1605kHz。由于高、低端的调整会互相影响，低端调本振电感，高端调本振补偿电容的过程要反复调整几次才能调准。

（4）统调　频率范围的调整完成后，就可以进行同步跟踪调整，即统调。统调的目的就是使收音机在波段内各频率点上，本振频率与接收电台载频之差等于中频或接近中频，以提高接收灵敏度和波段内灵敏度的均匀度。C_{1a}和C_{1b}采用同轴的双联可变电容器，理论上要求电容器调整到任何位置，都要使天线回路的调谐频率和本机振荡回路的谐振频率相差465kHz，实际上根本无法做到这点，而只能实现在一个波段内三点统调。由于本机振荡回路元器件在频率范围调整时已经调整好，因此，统调是通过调整输入回路的电感L_a（T_1一次线圈）和补偿用的微调电容C'_{1a}来实现的。对于AM收音机的中频波段（535~1605kHz），统调在三个频率上进行，为低频端600kHz、中间频率1000kHz和高频端1500kHz，通称“三点统调”。一般先调节频率低端，后调节频率高端。具体操作步骤如下：

1）统调低端。高频信号发生器输出600kHz高频调幅信号（调制信号为400Hz或1000Hz，调幅度为30%）经环形天线向外发射，用示波器或电子毫伏表监视扬声器两端的音频信号幅度。旋动双联可变电容器，使收音机能够接收到高频信号发生器发射的信号，调整输入回路线圈L_a在磁棒上的位置，即调整电感L_a，使输出指示最大，扬声器发音最响。

2）统调高端。高频信号发生器输出信号载频改为1500kHz，旋动双联可变电容器，使收音机能够接收到高频信号发生器发射的信号，调整输入回路中的微调电容C'_{1a}使输出指示最大，同时扬声器发音最响。

3）上述调整过程反复几次，使高、低端调整时，输出指示最大值相差较小。高、低端调节好，而中间频率点也自然就调整好了。

4）统调完毕后，需要用高频蜡将线圈固定在磁棒上，以及固定本振回路中振荡线圈内磁帽的位置。为了鉴别统调是否准确，可以使用电感量测试棒对输入回路进行检查。电感量测试棒一头嵌有高频磁心，这一端称为铁端；另一头嵌有铜棒，这一端称为铜端。如果统调准确，用测试棒铁端靠近输入线圈（使L_a增大），铜端靠近输入线圈（由于铜端感应了高频电流形成涡流，使能量损耗增大，L_a减小）时，均会引起输入回路失谐，输出指示减小，扬声器发音变小。如果铁端或铜端靠近时输出都增大，则说明未统调好，原因是电感量L_a偏小或偏大，应重新统调。

6. 调试步骤

（1）静态工作点的调试　调整电路中各级晶体管的偏流电阻，使其静态集电极电流处于最佳工作状态。印制电路板上设计有专为检测集电极电流而断开的检测口，调试时，在检测口处串入电流表（可用万用表的电流档）测量与检测各级电流是否在规定的范围内，合格后将检测口用焊锡接通即可。各晶体管集电极静态工作电流参考值为 $I_{c1}=0.5\text{mA}$，$I_{c2}=1.5\text{mA}$，$I_{c4}=3\text{mA}$，$I_{c5}+I_{c6}=6\text{mA}$。

（2）中频调整　将调频拨轮指示转到535处，音量电位器开到最大，用高频信号发生器输出465kHz调幅信号，让收音机靠近信号发生器，即可听到调制信号的叫声，这时分别调整两只中频变压器（绿色、白色）的磁帽，使声音最大。

（3）频率覆盖范围的调整　信号发生器的频率改成535kHz，将调频拨轮指示转到535处，调节红色中频变压器（即振荡线圈）的磁帽，直至收到调制信号叫声，且使声音最大。

信号发生器的频率改成1605kHz，将调频拨轮指示转到535处，用螺钉旋具调整本振回路的补偿电容 C'_{1b}，使收音机能够接收到高频信号发生器发射的信号，并且输出指示最大，扬声器发音最响。

（4）统调　详见调试原理和方法相关内容。

7. 故障检修

（1）完全无声　首先检查4个电流口是否封住，扬声器引线、电池引线是否焊好，电位器开关是否接触好，音量电位器是否开到最大，输出变压器的二次线圈是否断线。

（2）有“沙沙沙”的电流声，收不到电台　首先检查磁性天线的线圈头是否焊好，注意：线圈的线头上有漆时，必须先刮掉漆皮再焊，才能焊好。检查双联电容器的3个头是否焊好，检查三只中频变压器及周围是否有短路现象，检查红色中频变压器是否装错位置。

（3）收台少　统调没调好，应重新统调。

（4）声音小　首先应检查各晶体管的电流是否太小，再检查 R_6 和 C_7 是否正常。

（5）啸叫　首先检查晶体管的电流是否太大，再检查 C_8 是否失效。

4.5 电子工艺实训

4.5.1 实训任务书

1. 项目名称

无线门铃电路的安装与调试。

2. 项目内容

根据给定的元器件、材料、仪器和工具，使用NE555集成电路，连接成一个无稳态多谐振荡器。将此多谐振荡与蓝牙模块连接，可以通过手机进行控制。

具体步骤如下：

1）元器件的识别与检测，借助万用表粗测元器件。

2）使用NE555集成电路，连接成一个无稳态多谐振荡器。

3）学习使用蓝牙串口。

4）学习Arduino Nano模块。

5）学习继电器模块及原理。

6）制作简单App控制程序。

7）通过调试，实现设计要求。

3. 学习目标

1）掌握相关NE555集成电路的工作原理及应用。

2）熟悉脉冲产生和变换的基本电路，掌握多谐振荡器的工作原理。

3）掌握有关模块电路的基本知识，能够识别、正确使用。

4）掌握用电烙铁进行手工焊接及拆焊的基本技能；能够高质量地完成电路的设计和手工焊接。

5）学习各种测试方法。

4. 实训成果

1）实训报告。

2）调试指标符合设计任务要求。

5. 时间安排

电子工艺实训学时安排见表4-13。

表4-13　电子工艺实训学时安排

序号	实训内容	学时
1	元器件识别与检测	6
2	电路的布局与焊接	6
3	测试电路	6
4	了解App开发流程	6
5	学习简易App界面开发	6
6	学习蓝牙通信模块	6
7	学习继电器模块	6
8	将蓝牙模块、继电器模块与电路连接测试	6
9	将蓝牙模块与手机连接测试	6
10	调试与验收	6

6. 考核标准

1）实训成绩采用5级制：优秀（90~100分）、良好（80~89分）、中等（70~79分）、及格（60~69分）和不及格（<60分）。具有创新点时可适度加分。

2）实训期间严格执行请假制度。无故不到者按旷课处理，缺课时数达1/3及以上或旷课时数达1/5及以上者，实训成绩计为不及格。电子工艺实训成绩考核标准见表4-14。

表4-14　电子工艺实训成绩考核标准

考核内容	考核方式	考核标准	分数
门铃电路元器件布局导线排列	目测	布局是否合理，排列是否整齐、合理，每处占2~5分	20
门铃电路焊接质量	根据焊接PCB板进行评价	每一处元器件装接错误扣3分，元器件插接不到位、引脚过长或过短，每一处扣1分。扣完20分为止	20

（续）

考核内容	考核方式	考核标准	分数
实现电路功能测试	实际测试	1. 完成门铃电路 2. 会使用继电器模块 3. 会使用蓝牙模块和串口软件 4. 学会开发简单的 App 软件 5. 调试成功	30
参数修改		是否会调整参数	20
实训报告	根据实训报告质量	格式与书写规范占 5 分，内容表述清楚占 5 分，接线图的完成情况占 5 分	10

4.5.2 电子工艺实训指导书

1. 项目名称

无线门铃的安装与调试。

2. 实训目的

1）掌握相关 NE555 集成电路的工作原理及应用。

2）熟悉脉冲产生和变换的基本电路，掌握多谐振荡器的工作原理。

3）掌握有关模块电路的基本知识，能够识别、正确使用。

4）掌握用电烙铁进行手工焊接及拆焊的基本技能，能够高质量地完成电路的设计和手工焊接。

5）学习各种测试方法。

3. 实训器材

门铃电路部分元器件明细见表 4-15。

表 4-15 门铃电路部分元器件明细

代号	名称	型号规格	数量	代号	名称	型号规格	数量
R_1	电阻	30kΩ	1	VD_1、VD_2	二极管	1N4002	2
R_2	电阻	22kΩ	1	IC	集成电路	NE555	1
R_3	电阻	22kΩ	1	SB	门铃按钮		1
R_4	电阻	47kΩ	1	SP	扬声器	8Ω	1
C_1	电解电容	10μF/10V	1	VCC	直流电源	5V	1
C_2	电容	0.033μF	1		电路板		1
C_3	电解电容	47μF/10V	1		导线		若干

1）继电器模块如图 4-43 所示。

2）蓝牙模块如图 4-44 所示。

3）Arduino Nano 如图 4-45 所示。

4）串口软件界面如图 4-46 所示。

5）App Inventor2 界面如图 4-47 所示。

图 4-43　继电器模块

图 4-44　蓝牙模块

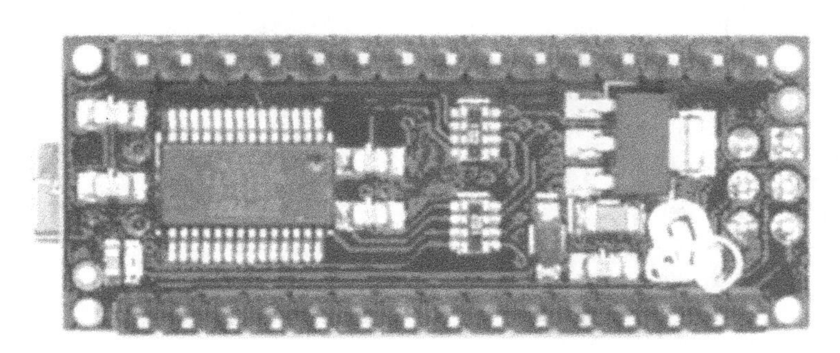

图 4-45　Arduino Nano

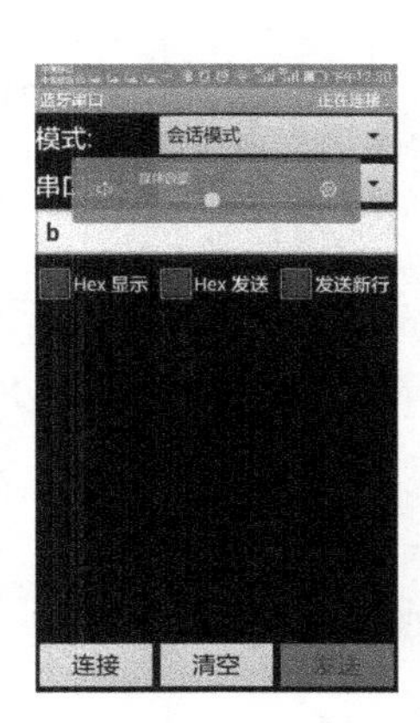

图 4-46　串口软件界面

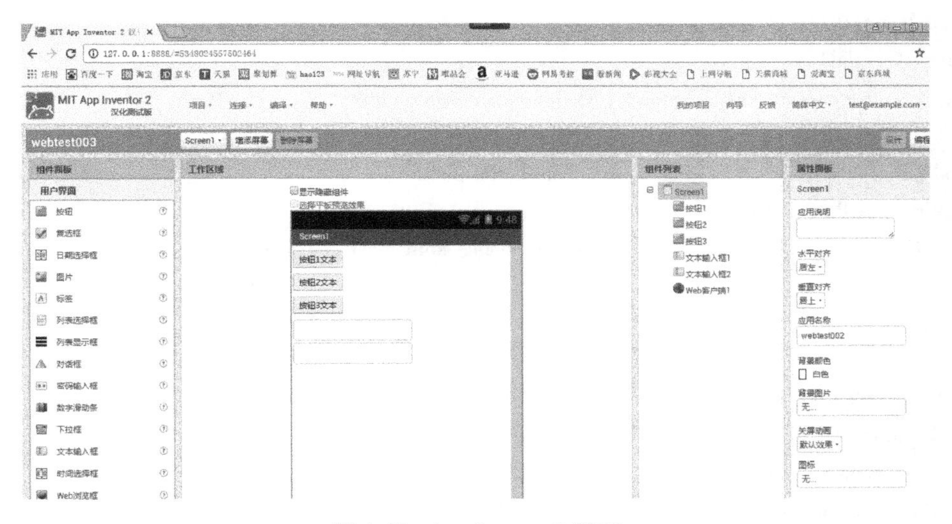

图 4-47　App Inventor2 界面

4. 实训内容

1）变音门铃电路的安装与调试。

2）使用 NE555 集成电路，连接成一个无稳态多谐振荡器。变音门铃电路原理如图 4-48 所示。

3）无线控制部分的安装，如图 4-49 所示。

将 Arduino Nano 与蓝牙模块、继电器模块连接。继电器模块的正极连接到 Arduino Nano 的 +5V 引脚，负极连接到 0V 引脚，控制极连接到 12 引脚。输入如下程序：

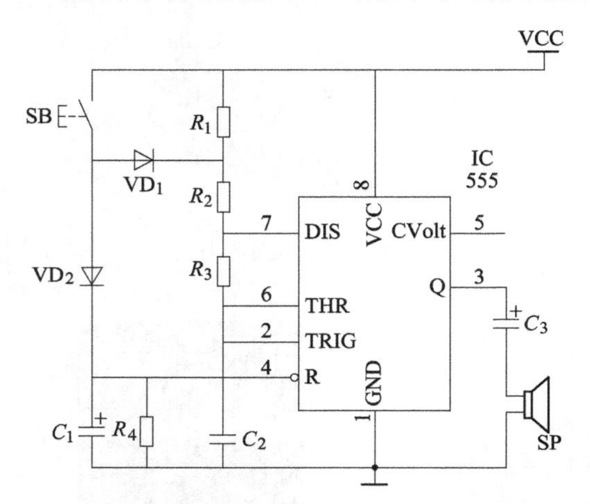

图 4-48　变音门铃电路原理

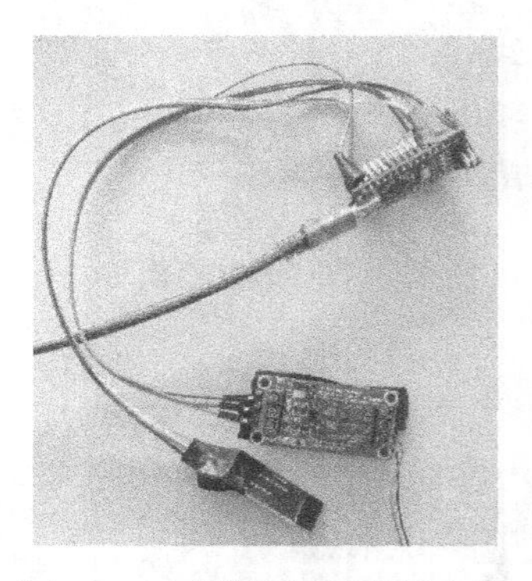

图 4-49　无线控制部分的安装

```
char inChar = 0;          // incoming serial byte
int ledPin=12;
void setup()
{
  pinMode(ledPin, OUTPUT);
  // start serial port at 9600 bps:
  Serial.begin(9600);
  while (! Serial) {
    ; // wait for serial port to connect. Needed for Leonardo only
}
pinMode(2, INPUT);   // digital sensor is on digital pin 2
digitalWrite(ledPin, HIGH);
establishContact();  // send a byte to establish contact until receiver responds
}
void loop()
{
  // if we get a valid byte, read analog ins:
  if (Serial.available() > 0) {
    // get incoming byte:
    inChar = Serial.read();
    // read first analog input, divide by 4 to make the range 0-255:
    Serial.print(inChar);
    if(inChar=='a')
    digitalWrite(ledPin, LOW);
    if(inChar=='b')
    digitalWrite(ledPin, HIGH);
```

```
    }
}
void establishContact() {
  while (Serial.available() <= 0) {
    Serial.print('z');    // send a capital A
    delay(300);
  }
}
```

4）无线控制部分的调试。将手机的蓝牙与蓝牙模块连接。初次匹配密码为1234。连接后，打开蓝牙串口软件，正常连接后，输入a继电器吸合，输入b继电器松开。

使用App Inventor2制作App软件。启动App Inventor2软件。在Chrome浏览器，输入127.0.0.1：8888。App Inventor2界面如图4-50所示。

打开后，单击“Log In”按钮。

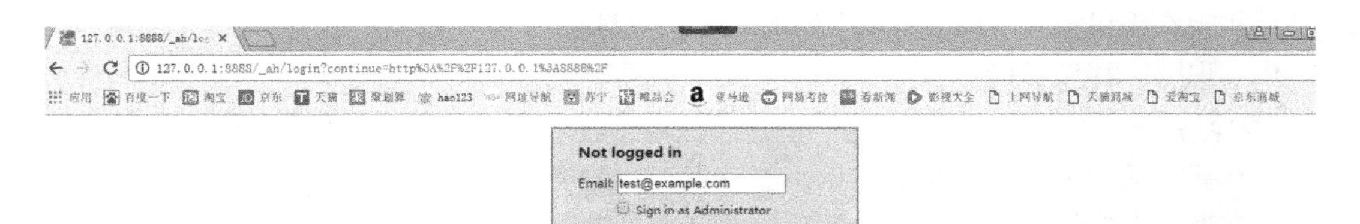

图4-50　App Inventor2界面

5. 测试内容

无线门铃电路测试见表4-16。

表4-16　无线门铃电路测试

项目编号	测　试　内　容	是否通过
1	完成无线门铃电路	
2	蓝牙串口输出“c”时，门铃导通，蓝牙输出“d”时候，门铃停止工作	
3	调节蓝牙模块与Arduino的通信波特率为19200bit/s	
4	设置13引脚控制继电器输出	
5	是否完成App制作	

1）调节蓝牙模块与Arduino的通信波特率为9600bit/s。

2）设置12引脚控制继电器输出。

6. 注意事项

1）蓝牙模块的主从模式。本实训需要将蓝牙模块设置为从机模式。

2）蓝牙模块默认的波特率是9600bit/s。

4.6 电子综合技能实训（一）

4.6.1 实训任务书

1. 项目名称

医疗呼叫系统的安装与调试。

2. 项目内容

制作一个医院的病床呼叫系统，病人按下按键后，该系统将显示相应的数字（即病床号），并伴有灯光或声音提示。为方便病人随时呼叫，使用手机 App 也可以实现呼叫操作。

具体设计要求如下：

1）设计电路对病房进行编码（按下按键显示相应的病床号）。

2）实现语音或灯光提示。

3）实现在手机或带 Android 操作系统的屏幕上显示。

4）实现呼叫存储功能。

3. 学习目标

1）掌握有关模块电路的基本知识，能够识别、正确使用。

2）掌握用电烙铁进行手工焊接及拆焊的基本技能；能够高质量地完成电路的设计和手工焊接。

3）掌握一种有效的无线通信方案。

4）掌握简易的 App 制作。

5）熟悉各种测试方法。

4. 实训成果

1）写出设计、调试、总结报告。

2）调试指标符合设计任务要求。

5. 时间安排

医疗呼叫系统的安装与调试学时安排见表 4-17。

表 4-17 医疗呼叫系统的安装与调试学时安排

序号	实训内容	学时
1	元器件识别与检测	6
2	电路的布局与焊接	6
3	测试电路	6
4	测试呼叫功能	6
5	测试语音提示功能	6
6	遥控电路测试	6
7	学习简易 App 界面开发	6
8	学习蓝牙通信模块	6
9	将蓝牙模块与手机连接测试	6
10	调试与验收	6

6. 考核标准

1）实训成绩采用5级制：优秀（90~100分）、良好（80~89分）、中等（70~79分）、及格（60~69分）和不及格（<60分）。具有创新点时可适度加分。

2）实训期间严格执行请假制度。无故不到者按旷课处理，缺课时数达1/3及以上或旷课时数达1/5及以上者，实训成绩计为不及格。医疗呼叫系统的安装与调试考核标准见表4-18。

表4-18　医疗呼叫系统的安装与调试考核标准

考核内容	考核方式	考核标准	分数
电路元器件布局导线排列	目测	布局是否合理，排列是否整齐、合理，每处占2~5分	20
电路焊接质量	根据焊接PCB板进行评价	每一处元器件装接错误扣3分，元器件插接不到位、引脚过长或过短，每一处扣1分。扣完20分为止	20
测试电路功能测试	实际测试	1. 完成对病床编码 2. 可以实现呼叫功能 3. 可以实现语音提示功能 4. App上可以显示病房的状态 5. App界面友好	30
参数修改		是否会调整参数	20
实训报告	根据实训报告质量	格式与书写规范占5分；内容表述清楚占5分；接线图的完成情况占5分	10

4.6.2　项目指导书

1. 项目名称

医疗呼叫系统的安装与调试。

2. 实训目的

1）掌握有关编码电路的基本知识，能够识别、正确使用。

2）掌握用电烙铁进行手工焊接及拆焊的基本技能；能够高质量地完成电路的设计和手工焊接。

3）掌握一种有效的无线通信方案。

4）掌握简易的App制作。

5）熟悉各种测试方法。

3. 实训器材

1）编码电路74LS20引脚排列如图4-51所示。

由两组4与非门组成，第1组：1、2、4、5输入，6输出。第2组：9、10、12、13输入，8输出。

2）控制模块采用Arduino Nano模块，如图4-52所示。

3）ESP8266 WIFI模块如图4-53所示。

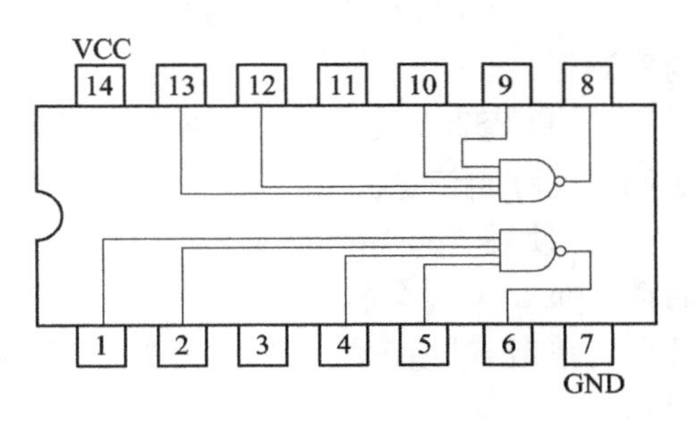

图4-51　74LS20引脚排列

图 4-52 Arduino Nano 模块

图 4-53 ESP8266 WIFI 模块

ESP8266 模块有三种工作模式：

1）Station 客户端模式。

2）AP 接入点模式（一般家里的无线路由器就是一个无线接入点）。

3）Station+AP 两种模式共存。

注意：AP 模式：Access Point，提供无线接入服务，允许其他无线设备接入，提供数据访问，一般的无线路由/网桥工作在该模式下，AP 和 AP 之间允许相互连接。

通信模块接线如图 4-54 所示。

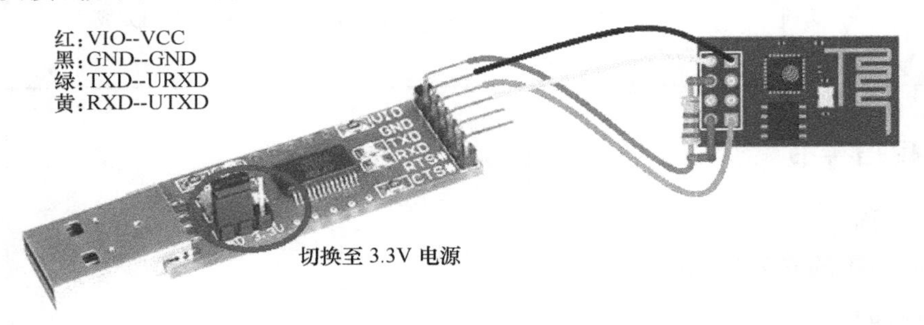

图 4-54 通信模块接线

4）串口软件界面如图 4-55 所示。

5）App Inventor2 界面如图 4-56 所示。

4. 实训内容

1）控制电路的制作。对病床号码进行编码。完成编码电路的设计与安装。

2）ESP8266 模块调试。使用 ESP8266 无线控制模块，实现无线发送病房的呼叫信息。

3）使用 App Inventor2 制作 App 软件，显示收到的病房呼叫信息。启动 App Inventor2 软件。在 Chrome 浏览器，输入 127. 0. 0. 1 : 8888。打开后，单击“Log In”按钮，开始制作 App。App Inventor2 界面如图 4-57 所示。

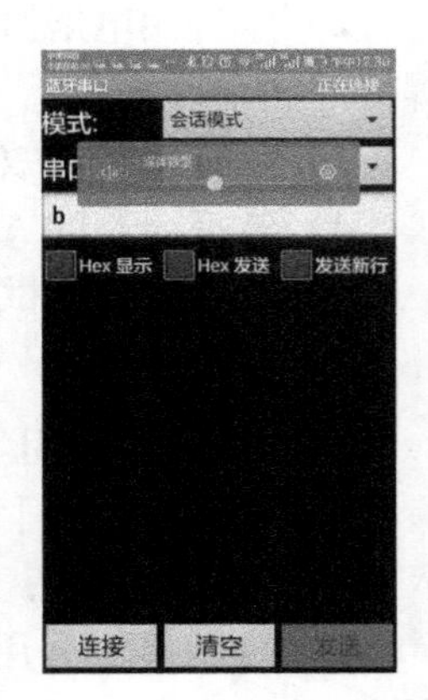

图 4-55 串口软件界面

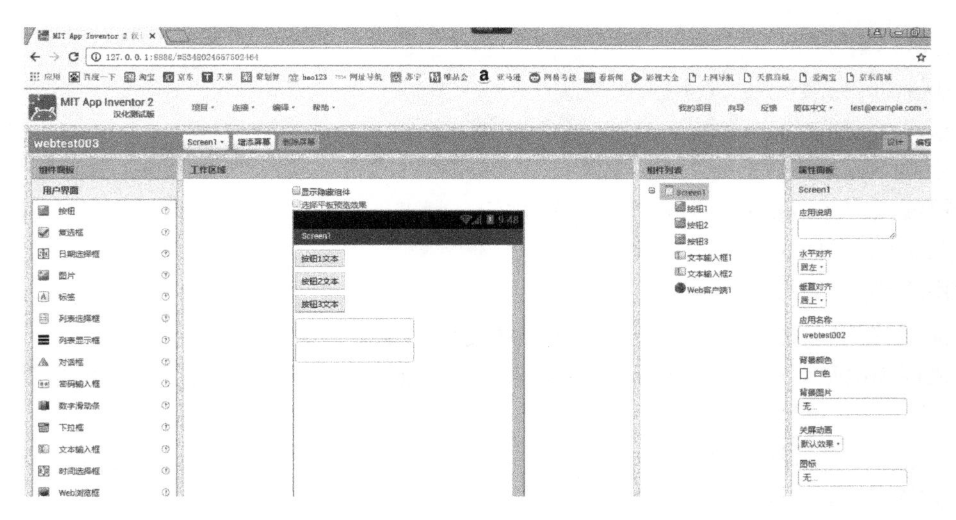

图 4-56 App Inventor2 界面

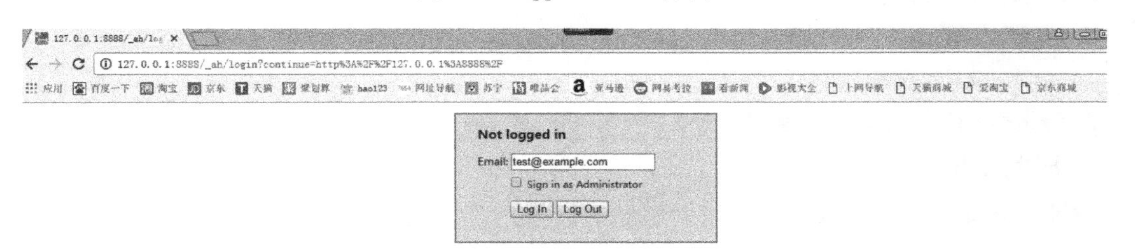

图 4-57 App Inventor2 界面

测试内容见表 4-19。

表 4-19 测试内容

项目编号	测试内容	是否通过
1	编码电路的设计与安装	
2	无线通信功能的实训	
3	语音播报的实现	
4	完成 App 制作	
5	App 制作界面友好	

5. 注意事项

1）蓝牙模块的主从模式。本实训需要将蓝牙模块设置为从机模式。

2）蓝牙模块默认的波特率是 9600bit/s。

4.7 电子综合技能实训（二）

4.7.1 实训任务书

1. 项目名称

智能调速小车的安装与调试。

2. 项目内容

1）小车可完成起动、停止控制。

2）小车可完成前进、后退和转向等行驶方向。

3）小车可完成调速控制行驶。

4）可通过手机或遥控器控制小车的运行。

5）在手机上显示小车的工作状态。

3. 学习目标

1）掌握有关模块电路的基本知识，能够识别、正确使用。

2）掌握用电烙铁进行手工焊接及拆焊的基本技能；能够高质量地完成电路的设计和手工焊接。

3）熟悉 PWM 调速技术。

4）掌握简易的 App 制作。

5）熟悉各种测试方法。

4. 实训成果

1）写出设计、调试和总结报告。

2）调试指标符合设计任务要求。

5. 时间安排

智能调速小车的安装与调试学时安排见表 4-20。

表 4-20　智能调速小车的安装与调试学时安排

序号	实训内容	学时
1	元器件识别与检测	6
2	电路的布局与焊接	6
3	测试电路	6
4	减速电动机的 PWM 调试	6
5	组装小车	6
6	遥控电路测试	6
7	学习简易 App 界面开发	6
8	学习蓝牙通信模块	6
9	将蓝牙模块与手机连接测试	6
10	调试与验收	6

6. 考核标准

1）实训成绩采用 5 级制。优秀（90~100 分）、良好（80~89 分）、中等（70~79 分）、及格（60~69 分）和不及格（<60 分）。具有创新点时可适度加分。

2）实训期间严格执行请假制度。无故不到者按旷课处理，缺课时数达 1/3 及以上或旷课时数达 1/5 及以上者，实训成绩计为不及格。智能调速小车的安装与调试考核标准见表 4-21。

表 4-21 智能调速小车的安装与调试考核标准

考核内容	考核方式	考 核 标 准	分数
电路元器件布局导线排列	目测	布局是否合理，排列是否整齐、合理，每处占 2~5 分	20
电路焊接质量	根据焊接 PCB 板进行评价	每一处元器件装接错误扣 3 分，元器件插接不到位、引脚过长或过短，每一处扣 1 分。扣完 20 分为止	20
测试电路功能测试	实际测试	1. 完成小车安装 2. 可以实现遥控小车前进、后退等动作 3. 会使用蓝牙模块和串口软件 4. App 上可以显示小车的状态 5. App 界面友好	30
参数修改		是否会调整参数	20
实训报告	根据实训报告质量	格式与书写规范占 5 分；内容表述清楚占 5 分；接线图的完成情况占 5 分	10

4.7.2 项目指导书

1. 项目名称

智能调速小车的安装与调试。

2. 实训的目的

1）掌握有关模块电路的基本知识，能够识别、正确使用。

2）掌握用电烙铁进行手工焊接及拆焊的基本技能，能够高质量地完成电路的设计和手工焊接。

3）熟悉 PWM 调速技术。

4）掌握简易的 App 制作。

5）熟悉各种测试方法。

3. 实训器材

1）电源模块：采用输出 9V 的可充电电池组，便于重复利用，如图 4-58 所示。

2）控制模块：采用 Arduino Nano 模块，如图 4-59 所示。

图 4-58 9V 电池

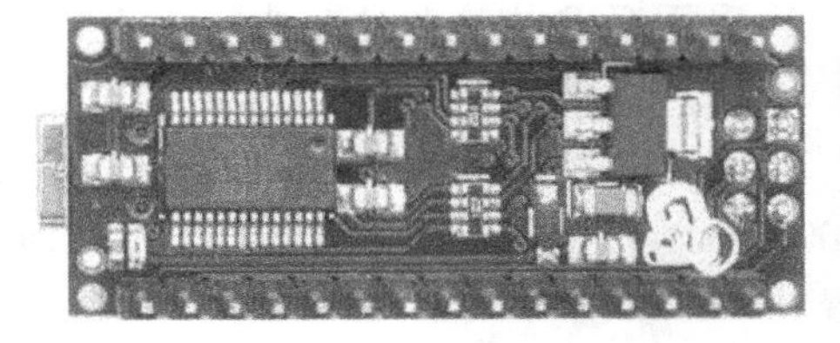

图 4-59 Arduino Nano 模块实物

3）驱动模块：采用 L298N 驱动模块如图 4-60 所示。

4）遥控模块：采用四键无线遥控器，如图 4-61 所示。

5）小车车型选择：采用双层透明的小车地盘，易于检查线路问题，如图 4-62 所示。

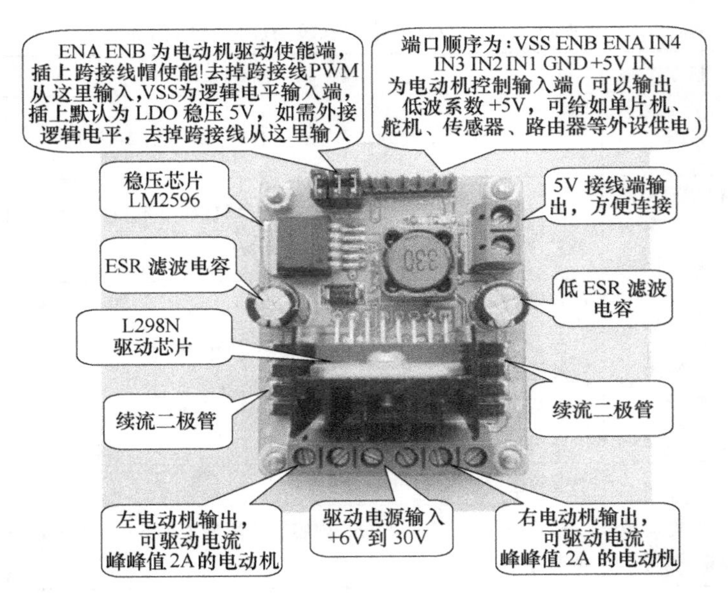

图 4-60　L298N 驱动模块

图 4-61　四键无线遥控器

图 4-62　小车

6）蓝牙模块如图 4-63 所示。

① 采用 CSR 主流蓝牙芯片，蓝牙 V2.0 协议标准。

② 输入电压 3.6~6V，禁止超过 7V。

③ 波特率为 1200bit/s、2400bit/s、4800bit/s、9600bit/s、19200bit/s、38400bit/s、57600bit/s 和 115200bit/s 用户可设置。

图 4-63　蓝牙模块实物

④ 带连接状态指示灯，LED 快闪表示没有蓝牙连接，LED 慢闪表示进入 AT 命令模式。

⑤ 板载 3.3V 稳压芯片，输入电压直流 3.6~6V；未配对时，电流约 30mA（因 LED 灯闪烁，电流处于变化状态）；配对成功后，电流大约 10mA。

7）串口软件如图 4-64 所示。

8）App Inventor2 如图 4-65 所示。

4. 实训内容

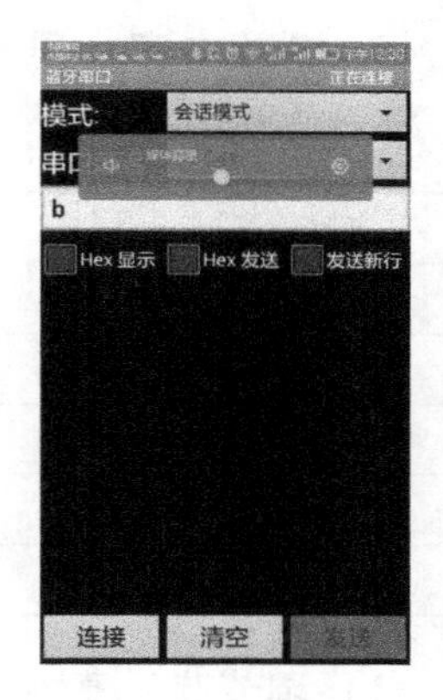

图 4-64 串口软件界面

1）小车初步安装与调试。测试减速电动机的正反转。完成小车的控制电路部分的安装。

2）学习 PWM 技术。PWM 是通过调节开关频率固定的直流电源电压的占空比，改变负载两端电压的平均值，从而达到控制要求的一种电压调整方法。即按固定的频率来接通和断开电源，并根据需要改变这个周期内“接通”和“断开”时间的长短。通过改变直流电动机电枢上电压的“占空比”来改变平均电压的大小，从而控制电动机的转速。

3）无线控制部分的调试。使用2272 和2262 无线控制模块，实现小车的前进、后退、左转，右转。

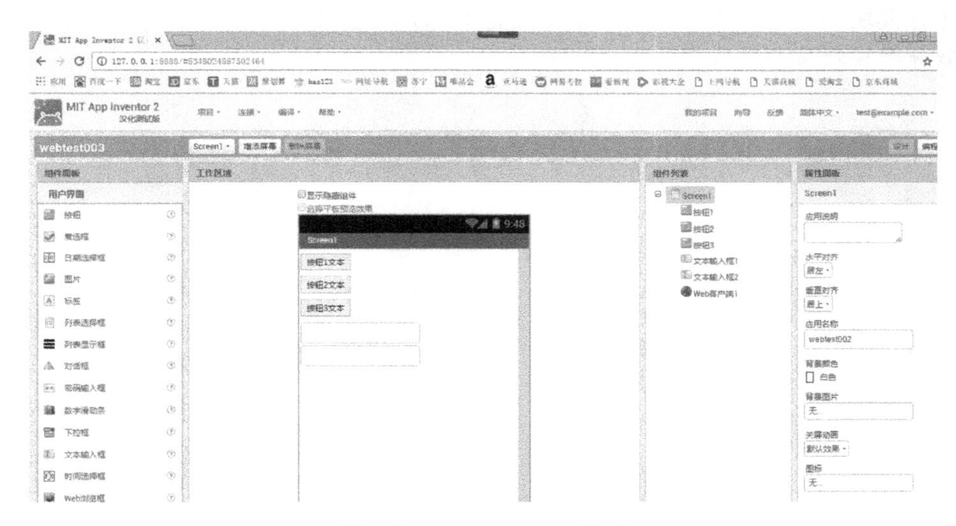

图 4-65 App Inventor2 界面

4）使用 App Inventor2 制作 App 软件。启动 App Inventor2 软件。在 Chrome 浏览器，输入127. 0. 0. 1：8888。打开后，单击“Log In”按钮，开始制作 App。App Inventor2 界面如图 4-66 所示。

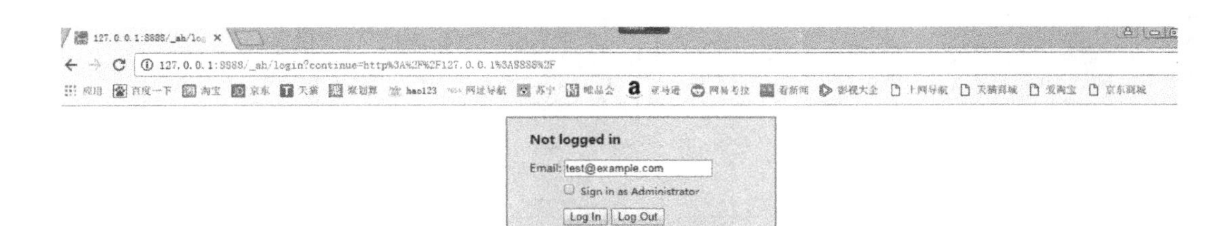

图 4-66 App Inventor2 界面

5. 测试内容（见表 4-22）

表 4-22 智能调速小车的安装与调试实训测试

项目编号	测试内容	是否通过
1	小车的组装	
2	小车实现减速功能	
3	可以使用 2272/2262 完成遥控	
4	完成 App 制作	
5	App 制作界面友好	

1）调节蓝牙模块与 Arduino 的通信波特率为 9600bit/s。

2）设置 12 引脚控制继电器输出。

6. 注意事项

1）蓝牙模块的主从模式。本实训需要将蓝牙模块设置为从机模式。

2）蓝牙模块默认的波特率是 9600bit/s。

附录 二维码资源

一、示波器原理及使用

(预览码[⊖])

(下载码)

请扫上方二维码阅读或下载

二、电阻器的标称值及精度色环标志法

(预览码)

(下载码)

请扫上方二维码阅读或下载

三、电容器的命名

(预览码)

(下载码)

请扫上方二维码阅读或下载

四、半导体分立器件

(预览码)

(下载码)

请扫上方二维码阅读或下载

⊖ 复制链接或直接跳转用浏览器打开，可放大观看。——编者注

参 考 文 献

[1] 刘昕彤，马文华，郑荣杰．数字电子技术［M］．北京：北京理工大学出版社，2017.
[2] 崔海良，马文华．模拟电子技术［M］．北京：北京理工大学出版社，2013.
[3] 王志军．电子技术基础［M］．北京：北京大学出版社，2010.
[4] 杨欣，胡文锦，张延强．实例解读模拟电子技术完全学习与应用［M］．北京：电子工业出版社，2013.
[5] 李春林，鲍祖尚．电子技术［M］．大连：大连理工大学出版社，2003.
[6] 付植桐，高建新．电子技术简明教程［M］．北京：中国电力出版社，2009.
[7] 何祥青，何晖．数字电子技术［M］．北京：机械工业出版社，2011.
[8] 关静．数字电路应用设计［M］．北京：科学出版社，2009.
[9] 阎石．数字电子技术基本教程［M］．北京：清华大学出版社，2007.
[10] 刘德旺，韦穗林．电子制作实训［M］．北京：中国水利水电出版社，2004.